KB090499

화학이란 무엇인가

피 터 앳 킨 스

세상에서 가장
쓸모 있는 과학의 핵심

전병옥 옮김

화학이란 무엇인가

What is Chemistry?

사이언스
SCIENCE
BOOKS
북스

달인만이 할 수 있는 짧고 굵은
화학 특강

화학은 요람에서 무덤에 이르는 우리의 일상 생활에서 모든 면을 향상시켜 주는 열쇠이다. 생활과 산업 현장에서 쓰는 도구를 만들기 위해 필요한 다양한 소재를 제공해 주고, 화려한 색깔에 대한 욕구를 만족시켜 주는 염료와 안료를 만들어 주고, 질병 치료에 필요한 의약품도 생산해 준다. 정보화 시대를 열어 준 반도체와 광섬유도 화학이 만들어 낸 기적과도 같은 소재들이다. 이제 첨단 화학이 개척하고 있는 나노의 시대가 본격적으로 시작되면 우리의 삶이 또 어떻게 바뀌게 될 것인지는 미리 상상하기도 어렵다.

　화학은 우리가 복잡한 세상을 이해하기 위해 필요한 지식을 제공해 주기도 한다. 나뭇잎이 푸르고 장미가 붉고 허브가 향기를 내는 이유도 화학을 통해서만 설명할 수 있다. 돌이 단단하고 반짝이고 쪼개지고 부서지는 이유를 설명해 주는 것도 화학이다. 생명의 신비도 예외가 아니다. 부모를 닮도록 해 주는 유전 정보를 설명해 주는 유전체학과 우리 몸에서 일어나는 오묘한 생리 작용의 정체를 밝혀 주는 단백질체학이 모두 화학 지식을 바탕으로 빠르게 발전하고 있다.

그런 화학을 엉뚱하게 오해하고 있는 사람들이 적지 않다. 화학은 오로지 시험을 위해 필요한 것이고, 아무 쓸모도 없는 조각난 지식을 무작정 외워야만 하는 과목이라고 인식하는 사람들도 있다. 심지어 화학 공장에서 대량으로 만들어 내는 화학 제품들이 우리의 건강을 위협하고, 환경을 오염시키고 있다는 믿는 사람들도 있다. 그래서 화학 물질이 없는 세상에 살아야 한다는 비현실적인 주장이 상당한 설득력을 얻고 있다. 물론 화학자의 입장에서는 몹시 난처한 일이다.

영국 옥스퍼드 대학교 링컨 칼리지의 화학자였던 피터 앳킨스 교수는 1978년에 초판이 발간되어 현재 열한 번째 개정판이 발간되고 있는, 오늘날 세계에서 가장 널리 활용되고 있는 대학의 물리 화학 교과서 중 하나인 『앳킨스의 물리 화학(*Atkins' Physical Chemistry*)』의 저자이다. 일반 화학, 양자 화학, 무기 화학 등의 대학 교과서의 저자로 널리 알려진 앳킨스 교수는 화학을 소개하는 다양한 교양서의 저자로도 활발하게 활동했다. 이 책은 『원소의 왕국』(김동광 옮김, 사이언스북스, 2005년), 『갈릴레오의 손가락』(이한음 옮김, 이레, 2006년)에 이어 우리나라에 오랜만에 소개되는 앳킨스 교수의 교양 과학서이다.

화학의 영역은 실로 광범위하다. 지금까지 확인된 118종의 원소를 소개하는 것만으로도 벅찬 일이다. 자연에 존재하는 모든 화학 물질을 소개하고, 화학 물질들 사이에서 일어나는 화학 반응을 체계적으로 소개하는 것은 불가능에 가까운 일이다. 소개의 수준도 문제가 된다. 지금까지 화학자들이 알아낸 심오한 화학적 원리와 법칙은 누구나 이해할 수 있는 것이 아니다.

그런 화학을 간결하고 분명하게 소개하는 일은 결코 쉽지 않다. 화학을 전공하는 대학생들에게 화학의 기본 원리와 법칙을 체계적이고 논리적으로 소개하는 교과서 집필의 달인이었던 앳킨스 교수가 선택한 방법은 독특하다. 화학을 전공하는 과학자들에게나 필요한 세부적인 설명은 과감하게 포기해 버린다는 것이다. 화학이라는 거대한 틀을 이해하기 위해 꼭 필요한 핵심만을 집중적으로 소개한다. 말처럼 쉬운 일이 아니다. 무엇이 중요하고, 무엇이 그렇지 않은지에 대한 확고한 소신이 있어야만 가능한 일이다.

화학의 오용과 남용에 의한 부작용에 대한 솔직한 고백도 눈여겨볼 부분이다. 아무리 좋은 것이라도 지나치게 많은 양을 함부로 사용하면 문제가 생길 수밖에 없다. 반대로 아무리 위험한 것이라도 적당한 양을 적절하게 활용하면 부작용을 최소화할 수 있다. 화학의 정체를 정확하게 파악하고, 현명하고 지혜롭게 활용하겠다는 자세와 노력이 필요하다는 뜻이다. 애써 일궈놓은 화학을 포기하고 굶주림과 질병과 사회적 차별이 가득했던 과거로 돌아갈 수 없다는 인류의 역사와 미래에 대한 확신도 필요하다.

화학은 앞으로도 발전해야만 한다. 인간다운 삶을 이어 가도록 해 주는 새로운 에너지를 개발하는 일에도 화학이 필요하고, 끊임없이 진화하는 세균이나 바이러스에 의한 질병과는 포기할 수 없는 투쟁을 위해서도 화학이 요구된다. 더욱 복잡해질 수밖에 없는 지구촌에서 모든 인류가 더욱 풍요롭고 더욱 평등하고 자유로운 삶을 위해 절대 포기할 수 없는 것이 화학이다.

이덕환(서강 대학교 명예 교수)

이 책은 화학이라는 매혹적이면서 지적이고 경제적으로도 매우 중요한 지식의 세계를 독자들에게 소개하기 위해 기획되었다. 여러분을 화학의 세계로 안내하고, 이 세계를 제대로 바라볼 수 있도록 돕는 것이 나의 역할이다.

　　화학자들에겐 다소 불편할 수 있지만, 사람들은 화학에 대한 약간의 불쾌함을 가지고 있는 것 같다. 만약 그렇다면 그것은 학창 시절의 여러 기억으로부터 비롯된 것이 아닌가 싶다. 이해하기도 쉽지 않은데, 외울 것은 많고, 어쩌다 실험을 하면, 실험실에서 나는 냄새도 그다지 유쾌하지 않았을 것이다. 화학 수업이나 실험이 실생활과는 별 상관없는 어떤 세계의 이야기라는 느낌을 받았을지도 모른다. 이런 생각들은 시간이 지나면서 점점 더 강해졌을 수도 있다. 넘쳐나는 화학 제품들과 환경 오염 뉴스들이 어린 시절의 기억과 합쳐져서 화학에 대한 편견을 강화시켰을 테니 말이다. 강아지들과 뛰어놀며 나비를 쫓던 어린 시절의 잔디밭이 환경 오염으로 황폐해져 악취만 가득한 들판으로 변했을 수도 있다. 그렇다면 이 모든 일이 화학 탓이라고 생각하는 것도 무리는 아니다.

이 책을 통해 이런 인식이 조금은 바뀌었으면 좋겠다. 독자들이 다시 한번 화학을 제대로 볼 수 있도록 안내하고 싶다. 최근에 밝혀진 과학적 사실들을 바탕으로 화학의 세계를 편견 없이 바라보면서, 혹시 가지고 있을지 모를 불쾌한 기억들을 화학에 대한 이해와 긍정으로 대체하고 싶다. 이를 위해 나는 화학자들의 눈으로 본 세계를 독자들과 함께 여행할 것이다. 핵심 개념들을 같이 이해하면서, 화학이 인류의 문화와 복지에 어떻게 기여하고 있는지 보여 줄 것이다. 또한, 작은 돌멩이에서 생명체에 이르기까지 우리 주변의 모든 물질을 화학자들이 어떻게 바라보고 고민하는지 설명할 것이다. 화학자들이 피땀 흘려 쌓은 지식이 공기 중에서 모으거나 땅에서 파낸 물질들을 우리 생활에 쓸모 있게 변화시키는 과정에 어떻게 쓰이는지 구체적으로 살펴볼 것이다.

나는 화학이 인류 발전의 디딤돌이라는 관점을 독자들과 공유하고 싶다. 경제가 발전할수록 화학과 관계없는 물품이나 화학을 통해 만들어지지 않는 물건들을 찾아보기 어려워진다. 건축에 사용되는 각종 자재와 난방 연료, 반도체와 자동차, 섬유와 색깔을 내는 안료와 염료 등 우리 주변의 모든 물질은 화학과 연결되어 있다. 식량 문제에서도 화학의 기여는 절대적이다. 적절한 비료와 제초제 등이 없다면 가파르게 증가하는 인구를 감당할 수 없다. 의학 분야에서도 마찬가지이다. 진통제와 항생제 등의 의약품들이 인류의 건강과 복지를 획기적으로 개선해 주었다. 이 의약품들이 없는 현대 생활은 생각만 해도 끔찍할 것이다. 이와 같은 발전의 바탕을 보면 모두 화학과 깊은 관계가 있다. 나무에서 땔감을 구하고, 돌을 깎아 도구를 만들고, 약초를 채집해 약을 만들고, 손가락을 사용해 계산하는 시대를 생각한다면, 우리가 이룩한 문명에 큰 기여를 한 화학에 대해 독자들의 시선이 조금은 우호적으로 변하지 않을까.

기술이 발전하기 위해서는 새롭고 다양한 특성을 가지는 소재들이 필요하다. 전기를 더 잘 전달하는 물질들, 기계적으로 혹은 광학적으로 더 단단하고 안정한 물질들, 순도가 더 높은 물질들이 여기에 해당된다. 인류의 건강과 복지를 개선하는 일들도 효과적인 약품과 치료법의 개발에 달려 있다. 새로운 에너지의 개발과 자연 환경의 보호 등은 화학이 제공하는 물질적인 바탕이 없으면 결코 실현되지 못할 것이다. 모두 화학이 힘써 개발하고 있는 분야들이다.

그러나 이런 발전에 대해 분명히 짚고 넘어갈 것들이 있다. 앞서 이야기했듯이, 자연에 존재하는 물질들을 일상의 필요에 맞게 변형하는 일들은 우리 삶을 편하게만 해 주지는 않는다. 극단적으로 보면, 어떤 화학 제품들은 인간의 살상 능력과 파괴 능력을 획기적으로 강화한다. 화학 제품이나 생산 공정에서 발생하는 환경 오염에 대한 우려도 종종 들을 수 있다. 화학이 인간 공동체의 능력을 향상시켜 주는 것은 분명한 사실이지만, 이를 통해 어떤 공동체는 전쟁 수행 능력을 강화하는 선택을 할 수도 있고, 필요 이상의 생산을 촉진하거나, 과소비를 부추길 수도 있다. 모두 우리의 자연 환경과 생태계를 취약하게 만드는 일이다.

이 책에서는 이와 같은 우려스러운 면도 함께 살펴볼 것이다. 화학 산업의 발전은 제품 개발뿐만 아니라 환경에 악영향을 끼치는 산업 폐기물을 안전하게 처리하는 것도 포함해야 한다. 화학 세계로의 여행에서 독자 여러분은 화학의 밝은 면과 어두운 면을 같이 보게 될 것이다. 그렇지만 화학이 없는 우리의 삶은 매우 '가난하고 더럽고 야만적이며 짧을' 것이다. 더 편안한 집과 영양이 잘 갖춰진 음식, 효율적인 교통 수단과 멋스러운 옷 등은 화학이 없다면 결코 존재할 수 없다. 이 책을 통해 이런 긍정적인 면들을 독자 여러분이 기꺼이 인정해 주시면 좋겠다.

화학이 제공하는 일상의 편리성 외에 하나 더 짚고 넘어갈 부분이 있다. 지식의 축적이다. 화학은 물질들의 상호 연관성에 관해 놀라운 통찰을 제공하고 있다. 화학자는 장미를 보며 꽃잎이 빨간 이유와 잎이 초록인 이유를 이해할 수 있다. 유리가 깨지기 쉬운 이유와 섬유의 유연함을 이해할 수 있다. 물론, 자연의 아름다움과 경이로움을 화학적 지식을 통해서만 음미할 수 있는 것은 아니다. 화성과 편곡을 알아야만 음악을 즐길 수 있는 것이 아닌 것처럼 말이다. 그렇지만 여러 형태 속에서 나타나는 물질들의 속성을 이해하면, 다시 말해 화학 지식을 가지면, 한순간에 매우 유쾌하고 충만한 경험을 하게 된다. 이 책을 통해 독자들과 자연의 존재 방식에 대한 통찰을 공유하고, 독자들의 일상이 지적으로 충만하고 즐거워지기를 바랄 뿐이다. 결과적으로 독자들의 여행이 의미가 있기를 바란다. 특히, 화학에 대한 불쾌한 기억이 있다면, 이 책을 통해 해소되면 좋겠다.

하나의 학문으로서 화학은 매우 깊고 넓으며, 숫자로 표현되거나 긴 설명이 필요할 때도 있다. 쉽게 이해될 때도 있지만, 아쉽게도 그렇지 못할 때도 많다. 그렇다고 화학 분야의 학위가 있어야만 이 책을 읽을 수 있는 것은 아니다. 이 책은 가능하면 독자들이 큰 어려움 없이 화학의 핵심 개념들을 이해하고, 화학이 우리 세계와 환경에 어떻게 기여하고 있는지 살펴보기 위해 기획되었다.

마지막으로 집필 과정에서 훌륭한 조언을 해 준 영국 임페리얼 칼리지의 데이비드 필립 교수에게 감사의 마음을 전한다.

옥스퍼드에서

피터 앳킨스

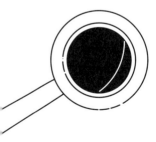

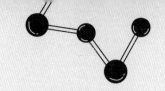

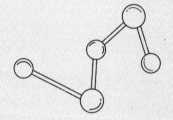

화학은 어디서 왔고, 무엇을 탐구하는가?

이 장에서 우리는 화학의 기원이 된 중세의 연금술을 먼저 둘러볼 것이다. 이후에 현대 화학의 중요한 요소인 원자에 관해 좀 더 자세히 살펴보려 한다. 지식이 축적되면서, 화학은 여러 분야로 분화되었는데, 물리 화학, 무기 화학, 그리고 유기 화학 등이 대표적이다. 이런 분류법에 대해서도 일부 다룰 것이다. 좀 더 크게 보면, 화학은 다른 자연 과학 분야인 물리학 및 생물학과 연관성이 깊다. 화학의 기초 지식들은 물리학의 도움을 받았고, 이후에 생물학의 발전에 많은 기여를 했다. 이 장에서는 이런 부분도 같이 소개할 계획이다.

화학의 기원을 돌아보면서 인간의 욕망(greed)에 대해 먼저 이야기한다는 것이 조금 어색할 수 있다. 그렇지만 어떤 욕망은 인간에게 새로운 환경과 가치를 찾아 나서게 하는 동기를 부여하는 것 같다. 내 생각에는 부자가 되고 싶고, 오래 살고 싶은 욕망은 어느 시대에나 있었고, 그런 욕망이 한편으로는 새로운 활동을 자극하는 것으로 보인다. 무언가를, 멈추지 않고 지속적으로 탐구하게 하는 탐구욕 말이다. 이런 탐구의 과정에서 자연스럽게 많은 물질을 다루게 되었고 병을 고치거나 금(Au, 원자 번호 79) 혹은 금과 비슷한 금속을 채취하는 특별한 방법들이 축적되었다. 물론, 궁극의 목적인 무한한 재물과 불로장생은 아직도 먼 이야기이지만, 그럴수록 사람들은 더 집요하게 새로운 물질을 찾아 나섰다. 결국 연금술사(alchemist)라는 일련의 기술자들이 출현하게 되었다. 이들은 납(Pb, 원자 번호 82)이나 다른 금속을 변형해 금으로 만드는 시도를 수없이 반복했다. 비록(너무나 당연히) 그들의 시도는 성공하지 못했으나, 수백 년에 걸친 실험을 통해 다양한 지식이 축적되었고, 새로운 실험 방법들이 고안되었다. 연금술로부터 본격적인 과학 분야인 화학이 등장하게 된 것이다.

　연금술에서 화학으로의 발전은 저울의 등장과 관계가 있다. 물질의 무게를 정확히 측정할 수 있다는 것은 실험하는 사람들에게 물질을 숫자로 표현할 수 있게 해 주었다. 지금은 너무 당연한 이야기이지만, 우리 주변의 공기, 물, 금속과 같은 물질들을 숫자로 표현할 수 있다는 것은 인류의 지식 축적 역사에서 엄청난 도약이었다. 물질을 숫자로 표현하는 것이 가능해지면서, 그 전부터 존재해 오던 수학과 과학이 만나게 된 것이다. 화학뿐만 아니라 물리학도 이렇게 탄생했고, 정성적으로만 '이해'되던 개념들이 정량적으로 '계산'되기 시작했다. 지금과 같은 과학 이론들의 출현을 촉진하고, 이런 이론들에 대한 실험들이 열기를 띠게 되었다.

물질이 어떤 과정에서 변화하고, 그런 변화 전후의 무게를 측정하게 되면서, 현대 화학에서 논의되는 가장 중요한 개념에 대해 접근하게 되었다. 바로 원자(atom)이다. 물론, 원자라는 개념이 이때 처음 등장한 것은 아니다. 고대 그리스 인들은 (과학 지식과 관계없이) 더 이상 나뉘지 않는 알갱이에 대한 개념을 가지고 있었다. (원자의 영어 단어인 atom은 그리스 어로 더 이상 쪼개지지 않는다는 뜻을 가진 *atmos*에서 유래했다. ─ 옮긴이) 원자는 2,000년 넘게 존재해 왔던 개념인 것이다. 원자 개념을 철학에서 과학으로 옮긴 사람은 존 돌턴이다. 돌턴은 화학 반응 전후 물질들의 무게를 분석했는데, 이런 실험을 통해 우리 주변의 물질들이 마치 레고 블록처럼 여러 요소가 뭉친 것이며, 그중 가장 기초적인 물질 요소가 있다는 것을 증명했다.

돌턴의 연구 이후부터 지금까지 원자들은 화학의 주요한 탐구 영역이다. 원자는 모든 물질의 기초 재료이기 때문에, 거의 모든 화학 지식은 원자에 대한 정보를 참고한다. 그리고 원자들은 같은 혹은 다른 원자들과 결합해 분자(molecule)라는 더 큰 물질 형태를 이루고 있다. 물론, 원자 하나는 너무 작아서 눈으로 감지할 수 없지만, 우리가 보고 만지는 모든 물질의 원료이다. 어떤 환경에서 독자들이 이 책을 읽는지는 모르겠지만, 내 주위의 나무와 의자 등은 모두 원자로 이루어져 있다. 이 책도 물론 원자로 되어 있다. (전자책을 본다고 해도 마찬가지이다. 화면도 원자로 되어 있다.) 얼굴을 만지는 것, 그리고 부드러운 천을 만지는 것 모두 본질적으로는 원자를 만지는 것이다. 어떤 원자들은 엄청난 양으로 뭉쳐 있어서 원자의 덩어리가 눈에 보이기도 하지만, 매우 예외적인 경우이니, 원자를 보려 애쓸 필요는 없다. 화학자들이 개별 원자를 어떻게 관찰하고 분석하는지는 5장에서 좀 더 설명할 것이다.

세상에는 100가지가 넘는 종류의 원자가 있다. 원자들을 하나가 아닌 여러 종류로 부르는 것은 그 나름의 과학적인 의미가 있는데, 여기에 대해서는 차차 설명할 것이다. 원자들을 서로 구분하는 것은 이들이 내부 구조 등에 있어서 유사성과 차별성이 있기 때문이다. 간단하게는, 다른 원자들은 당연히 다른 물질을 이룬다. 우리가 익히 알고 있는 원소들인 수소(H, 원자 번호 1), 탄소(C, 원자 번호 6), 철(Fe, 원자 번호 26) 등이 수소 원자, 탄소 원자, 철 원자로 되어 있는 것과 같다. 이런 원자들, 즉 원소들은 2019년 현재 모두 118종이 밝혀졌다. 화학의 핵심 주제는 하나의 물질이 (형태와 속성이) 다른 물질로 변화하는 과정인데, 원자는 그 자체로는 변화하지 않는다. 따라서 물질이 변한다는 것은 기초 재료인 원자들이 변화하는 것이 아니라 서로 결합되어 있던 원자들이 그 짝을 바꾼다는 뜻이 된다. 화학자는 이런 원자들의 만남과 이별을 연구하는 일종의 커플 매니저이다.

현대의 화학과 물리학은 원자에 대해 더 많은 정보를 가지고 있다. 원자라는 단어가 더 이상 쪼개지지 않는다는 뜻을 가지고 있지만, 이후의 연구를 통해 실제로는 더 작게 쪼갤 수 있음을 알게 되었다. 사실, 앞에서 서로 다른 원자는 고유한 내부 구조를 가지고 있다고 했는데, 눈치 빠른 독자들은 이런 정보를 통해 이미 우리가 원자의 구조를 들여다보고 심지어 쪼갤 수도 있음을 알아차렸을 것이다. 원자는 소위 '아원자 입자(subatomic particle)'라는, 원자를 구성하는 더 작은 입자들로 이루어져 있다. 과학자들의 수많은 실험 덕분에 우리는 이 작은 입자들에 대해 다양한 지식을 얻을 수 있었고, 지금도 입자 가속기 등을 통해 이 세계를 연구하고 있다. 원자들의 내부 구조와 속성에 대해서는 2장에서 좀 더 살펴볼 예정이다. 다만, 한 가지 짚을 것은 원자의 내부를 연구하는 일은 화학보다는 물리학의 영역이라는 점이다. 화학은 물리학자들이 제공하는 훌륭한 지식을 바탕으로 본연의 임무인 물질의 변환, 즉 분자들 사이에 일어나는 반응을 연구하는 일에 몰두하고 있다.

　　내가 '물리 화학자'라 그런지, 화학과 물리학의 학문적 경계와 관련해 질문들을 많이 받게 된다. 화학이 취급하는 모든 물질은 원자로 구성되어 있어서, 화학을 더 잘 이해하려면 원자에 대한 이해가 필수적이다. 그리고 이런 지식은 물리학자들의 훌륭한 연구에 힘입은 바가 크다. 물론, 그 반대로 화학도 물리학에 원자보다 더 큰 물질의 세계에 대한 지식을 제공해 준다. 서로 보기 좋은 짝을 이루고 있는 것인데, 그중에서도 두 가지 점은 물리학의 도움이 절대적이다. 하나는 앞에서 이야기한 원자 혹은 그보다 작은 입자들에 대한 정보이며, 다른 하나는 주전자 속의 물이나 고철과 같은 큰 물체들의 거동(擧動)에 관한 것이다. 학술적인 용어를 쓰자면, 미시적(microscopic)이거나 거시적(macroscopic)인 것들이다.

물리학자들이 발견하고 정립한 지식 중에서 미시적인 세계에 해당하는 것이 양자 역학(quantum mechanics)이다. 돌아보면, 19세기에 화학 분야에서는 다양한 지식의 축적이 있었다. 그런데도 여전히 풀리지 않던 문제들이 있었는데, 이런 종류의 질문이었다. '왜 같은 조건에서 어떤 물질들은 반응을 하는데, 다른 물질들은 그렇지 않은가?' 당시 물리학은 아이작 뉴턴이 정립한 고전 역학(classical mechanics)의 시대였는데, 고전 역학은 달의 궤도나 날아가는 공의 궤적을 계산하는 데는 탁월한 능력을 보여 준다. 고전 역학은 효용성 측면에서 이미 충분히 검증되었기 때문에, 이런 훌륭한 지식으로 화학이 다루는 좀 더 작은 세계, 즉 분자나 원자의 움직임을 설명하려는 시도가 계속되었다. (여기저기에 자료가 많이 남아 있던) 연금술사들의 실험을 해석해 보려는 시도도 많이 있었다. 그러나 결론적으로, 이런 시도들은 모두 성과를 남기지 못했다. 제대로 설명되지 않으니 억지로 꿰맞추는 일도 있었는데, 이와 같은 현상은 고전 역학의 한계를 인식하고 새로운 학문을 탐구하려는 동기를 제공했다.

20세기 초인 1927년을 전후해서 이런 한계를 벗어나 작은 입자의 세계를 기술하고 그들의 움직임을 계산할 수 있는 이론이 탄생했다. 앞에서 이야기한 양자 역학이 그것인데, 지금까지도 매우 훌륭하게 역할을 하고 있다. 그렇다고 해서 양자 역학을 자세하게 소개하면서 독자들을 괴롭히고 싶은 생각은 없다. 우리는 양자 역학의 지식 중에 화학의 세계를 들여다보는 데 도움이 될 만한 일부 정보만 꺼내다 쓸 것이다. 다만, 이 점만은 명확하다. 여러분이 실험실에서 여러 액체를 끓이고 젓는 화학자들을 본다면, 그들이 양자 역학이 설명해 주는 방식에 따라 충실히 원자들을 이리저리 조합하고 있다고 생각하면 된다.

물리학에서 빌려온 지식 체계에는 큰 집단을 이루는 물질들의 움직임에 대한 것도 있다. 열역학(thermodynamics)이라는 분야이다. 이 분야는 에너지(energy)라는 개념을 중점적으로 다루는데, 18~19세기에 증기 기관이 개발되면서 활기를 띠게 되었다. 산업 혁명 시대에 증기 기관은 사회적으로 매우 중요한 장치였기 때문에, 이에 대한 학문의 중요성도 클 수밖에 없었다. 증기 기관의 연구를 통해 축적된 에너지에 대한 지식은 화학의 발전에 중대한 이바지를 했는데, 반응에 참여하는 물질들의 상호 작용에 에너지가 깊이 관여하고 있음을 발견했기 때문이다. 여기에 더해 열역학은 많은 정보를 알려주는데, 열과 같은 에너지가 원자들을 어떻게 자극하고, 생명체 내에서 어떻게 변화하며 어떤 형태를 가지게 되는지, 그리고 얼마나 빠르게 변화가 일어나는지 등을 자세히 이해하게 해 준다. 에너지가 화학 반응을 추동하는 방식에 대해서는 3장에서 자세히 살펴볼 것이다. 화학 반응에서 에너지가 하는 역할이 이렇게나 크기 때문에, 비록 응용적인 학문 체계라고 할 수도 있는 열역학이 화학과 같은 자연 과학에서도 매우 중요한 역할을 하고 있는 것이다.

지금까지 우리는 화학이 물리학으로부터 많은 도움을 받았다는 점을 살펴보았다. 그런데 이렇게만 이야기하면 수학자들의 미움을 살 것 같다. 모든 과학의 영역에서 수학의 도움은 이루 말할 수 없으니 말이다. 수학은 화학의 발전에도 헤아릴 수 없이 큰 기여를 했다. 그렇다고 화학이 다른 학문으로부터 도움만 받은 것은 아니다. 수학과 물리학으로부터 도움을 듬뿍 받은 화학은 이후에는 생물학의 발전에 많은 도움을 주었다. 실제로 생물학의 많은 부분은 화학의 언어로 씌어져 있다. 여기에는 설명이 좀 더 필요하다. 부연 설명이 없으면, 주위의 생물학자들이 분개해 내 방으로 쳐들어올지도 모르니 말이다.

생명체(organism, 유기체)는 원자와 분자로 이루어져 있다. 그러므로 그들의 구조에 대한 지식은 화학의 체계와 깊은 관계가 있다. 생명체는 물질들 사이에서 벌어지는 다양한 반응들과 그들 사이의 상호 작용을 통해 정상적으로 기능하게 된다. (즉 살아 있게 된다.) 그리고 이런 반응들도 화학이 제공하는 지식으로 설명할 수 있다. 생명체들은 자손을 낳는 일에 큰 노력을 기울이는데, 여기에도 분자들의 구조와 반응에 대한 이해가 필수적이다. 역시 화학과 깊은 관계가 있는 지식이다. 생명체는 시각과 후각 같은 감각 기관을 통해 주변 환경에 반응한다. 이와 같은 감각 기관들도 분자 구조의 변화를 이용해 기능하는데, 역시 화학적 해석이 필요하다. 자연의 거시적인 현상들(진화나 종의 기원과 같은 현상)도 열역학 제2법칙으로 해석될 여지가 많지만, 여기에서도 화학적 관점이 필요하게 된다. 어떤 생명체들은 ─ 주로 인간은 ─ 자연의 변화나 감정의 변화에 대해 깊은 사색을 하기도 한다. 이와 같은 정신적인 활동들도 화학 반응의 메커니즘으로 설명할 수 있다. 이 정도면 생물학이 화학과 정말로 깊은 관계를 맺고 있음을 독자들이 이해해 주리라 믿는다. 여기서 이야기하고 싶은 것은 과학이라 불리는 학문들이 서로 긴밀하게 얽혀 상호 작용하고 있다는 점이지, 학문적 상하 관계에 있다거나 중요도에 차이가 있다는 게 아니라는 점도 이해해 주면 좋겠다. 생물학의 다양한 영역에서 화학의 지식이 큰 역할을 하고 있다는 정도로 마무리하고 싶다.

우리는 생명 현상을 탐구하고 물건을 만들고 건물을 짓는다. 이를 위해 땅속에서 광물을 채굴하고 유용한 액체(석유 등)를 길어 올린다. 때때로 공중에서 기체를 포집해 우리가 원하는 유용한 물질로 변환시킨다. 변환 과정은 다양하다. 우리는 원료들을 거푸집에 들이부어 형상을 만들기도 하고, 망치로 두들기거나 풀로 붙인다. 어떤 경우에는 단순히 불에 태우기도 한다. 모두 분자의 구조와 반응에 관계된 일이어서 화학의 영역이다. 실제로 이런 행위가 벌어지는 공장에서 화학자를 찾아보기는 어려울지 모르지만, 이런 행위의 근간에는 화학자들이 발전시킨 지식 체계와 정보가 큰 역할을 하고 있다. 모두 현대의 기술 혁신 및 산업 발전과 깊은 관련이 있다. 이렇게 보면, 화학은 산업과 경제에 막대한 영향력을 가지고 있으며, 거의 모든 지점에서 상호 작용하고 있다는 것을 알 수 있다.

세상 모든 일이 그렇듯, 밝은 면이 있으면 어둡고 음습한 면이 같이 있게 마련이다. 「머리말」에서 이야기했듯이 화학의 발전도 마찬가지이다. 화학의 지식 체계를 오용하면, 살상 능력을 크게 향상시킬 수 있다. 현재 인류가 어마어마한 양의 폭탄과 생화학 무기를 보유하게 된 것처럼 말이다. 여러 오염 물질들은 우리의 환경을 매우 취약하게 만들기도 한다. 이에 관해서는 이 책의 다른 부분에서 좀 더 자세히 살펴볼 것이다. 관점에 따라서 화학의 밝은 면과 어두운 면을 확대해서 조명할 수 있을 것이다. 그러나 이 책에서 강조하고 싶은 것은 화학의 발전에 대한 균형 잡힌 시각이다. 어두운 면을 강조하고 그 개선을 요구하는 것도 매우 의미 있는 일이지만, 그렇다고 석기 시대의 삶으로 돌아갈 수는 없기 때문이다.

화학의 학문 범위에 대한 설명이 좀 장황했을지 모르겠다. 이제는 화학의 지식 체계를 이루는 뼈대와 핵심 활동을 살펴볼 것이다. 너무 표면적인 것들만 주목하면, 화학이라는 이 폭넓은 학문이 길을 잃고 헤매는 고래처럼 보일 우려가 있다. 그런 고래는 덩치가 커서 관찰하기는 쉽겠지만, 무슨 일을 하는지는 이해하기 힘든 것처럼 보일 것이다. 실제로는 그렇지 않다. 화학자들의 연구 활동은 이 학문의 구조를 매우 튼튼하게 해 주고 있다. 그들은 이 학문의 여러 뼈대 사이에 어떠한 일들이 일어나고, 어떻게 서로 결합하고 떨어지는지 분석한다. 마치, 한 국가가 그들의 정책과 경제를 발전시키는 방식과 비슷해 보이기도 한다. 물론, 화학의 지식 체계는 국가들처럼 그 경계선이 명확하지 않다. 오히려 경계가 다소 모호하고 서로 중첩되는 경우가 대부분인데, 이런 곳에서 때때로 큰 변화가 일어나기도 한다. 하나의 학문이 성숙해 가는 과정으로 이해해 주면 좋겠다. 각각의 세부 영역에서 활발한 탐구 활동이 일어나지만, 영역이 중첩되는 부분에서 큰 학문적 깨달음이 일어나기도 한다. 이런 점은 예술 활동과 비슷해 보이기도 한다. 화학이 다른 학문과 서로 소통하고 발전하는 모습을 보면 그렇다.

다시 화학의 구조를 들여다보려는 원래의 목적으로 돌아와 보자. 지금부터 화학이라는 큰 건물의 여러 부분을 좀 더 살펴보기로 한다. 이해를 돕기 위해, 하나의 구조를 여러 부분으로 나누어 해석하면 유익한데, 실제로 많은 대학과 연구 기관, 학회 등에서 이런 분류를 사용하고 있다. 다시 강조하지만, 이 하위 구조들의 경계선을 명확하게 나누는 것은 무의미한 일일 뿐이다. 서로 중첩되고 상호 작용하기 때문이다.

가장 일반적인 분류는 화학을 물리 화학, 무기 화학, 그리고 유기 화학으로 분류하는 것이다. 물리 화학(physical chemistry)은 이름처럼 물리학과 화학의 접점에 있는 학문이다. 원자와 분자의 구조를 양자 역학의 관점에서 다루고, 에너지의 역할과 변화를 열역학적으로 살펴본다. 그럼 물리학이지 않냐는 지적이 있을 수 있다. 학문적 경계선을 명확하게 긋고 싶지는 않지만, 화학에서는 이런 물리학적 지식을 반응이라는 현상에 대입해 보게 된다는 점을 밝히고 싶다. 따라서 반응 메커니즘과 반응 속도 같은 문제(거시적인 면과 미시적인 면을 함께 봐야 풀 수 있는 문제들이다.)를 물리 화학에서 탐구한다. 분자의 변환, 즉 반응에서 원자들이 서로 헤어졌다가 다른 물질이나 형태로 재조합되는 과정은 매우 짧은 시간 안에 일어나는데, 물리 화학은 이런 부분을 탐구하는 데 큰 노력을 기울인다. 특히, 정밀한 현미경과 관련된 기술인 **분광학**(spectroscopy)의 발전은 이런 노력에 엄청난 도움이 되고 있다. 5장에서 다루겠지만, 분광학은 원자나 분자와 같은 매우 작은 입자들도 눈으로 관찰할 수 있게 해 준다. 현재는 이런 기술들이 더욱 발전해 정보를 취합하고 해석하는 일들이 신속하게 처리된다. 물리학과 화학의 경계가 불분명한 만큼, 이 분야를 물리 화학이 아닌 화학 물리학(chemical physics)이라고 부르는 사람도 있다. 물리학자들 중 개별 분자의 운동을 분석하는 쪽에서 주로 이렇게 부르는데, 사실 명칭에 대해 크게 신경 쓰는 사람은 극소수이다.

유기 화학(organic chemistry)은 탄소 화합물을 연구하는 학문이다. 하나의 학문 분과가 **주기율표**(periodic table)에 있는 118종의 원소 중 하나의 원소만을 주로 다룬다는 뜻이니, 탄소가 얼마나 광범위한 영향력을 가졌는지 짐작해 볼 수 있다. 주기율표를 들여다보면, 탄소는 거의 중간에 있다. 그만큼 화학적 특성이 특출나지 않고, 다른 원소들과 다양한 상호 작용을 할 수 있다. 특히, 탄소들은 서로 끼리끼리 결합하기도 한다. 이런 모나지 않은 특성으로 인해, 탄소들은 놀랍도록 복잡하고 아름다운 연결 구조들을 만들어 낸다. 이런 복잡한 탄소 화합물들은 생명체의 활동에서 특히 중요한데, 신진 대사 과정에 매우 중요한 역할을 담당하고 있다. 탄소 화합물에 대한 지식은 엄청나게 발전해서, 현재까지 수백만 종류의 분자 구조가 발견되었다. 그만큼 이를 다루는 학문 체계와 기술이 같이 발전했다. 이 탄소 물질들의 이름을 구별해 부르는 방법들도 복잡하게 발전해야 했다. 물론, 탄소 화합물들의 복잡다단한 이름들은 많은 독자들에게 안 좋은 기억을 주었을 테지만 말이다.

그런데 왜 '유기'라는 표현이 붙었을까? 탄소가 포함된 분자들은 매우 복잡하므로 — 이산화탄소(CO_2)와 같은 비교적 단순한 분자를 제외하면 — 초기의 화학자들은 자연 과정을 통해서만 분자가 생성될 수 있다고 생각했다. 그만큼 경이롭고 까다로운 물질로 인식했다. 이런 관점은 1828년에 있었던 한 실험으로 바뀌게 되는데, 실험실에서 간단한 무기물이 독특한 유기물(우리는 현재 이 물질이 요소(urea)라는 분자임을 알고 있다.)로 전환되었다. 인간이 유기물을 만들 수 있음을 알게 된 것이다. 이 실험 이후 한동안 유기 화학이라는 이름에 대한 논쟁이 격렬하게 지속되었는데, 이미 유기 화학이라는 표현이 관용적으로 넓고 깊게 사용되고 있어서 바꿀 수가 없었다. 이런 일들은 이제 하나의 에피소드일 뿐이고, 중요한 것은 유기 화학이 탄소 화합물에 대한 탐구라는 것만 기억해 두면 좋겠다.

그렇다면 탄소를 제외한 100가지가 넘는 원소의 화합물은 어떻게 하고 있을까? 이들은 무기 화학(inorganic chemistry)에서 연구하고 있다. 이렇게 많은 원소를 취급하고 있으므로, 무기 화학은 여전히 활기차고 거대한 탐구 영역이다. 그리고 좀 더 세분화해 연구가 이루어지는 경우가 대부분이다. 고체 화학(solid-state chemistry) 같은 경우가 이런 세부 연구 분야 중 하나이다. 이 분야는 고체 상태의 무기물을 탐구하는데, 현대 산업에서 중요한 위치를 차지하고 있는 초전도체(superconductor)나 반도체(semiconductor)의 연구가 여기에 포함된다. 무기 화학은 100가지 이상의 원소를 다루기 때문에, 이와 비슷하게 악기를 편성해야 하는 오케스트라에 비교해 볼 수 있을 것이다. 악기들을 질서정연하게 조율하면서 화음을 만들어 내는 작곡가와 지휘자의 모습이 화학자의 모습과 겹쳐지기도 한다.

주기율표를 쳐다보는 무기 화학자들의 눈이 탄소라고 해서 무조건 건너뛰는 것은 아니다. 다시 말하지만, 유기 화학과 무기 화학도 분명한 경계선으로 나뉘지 않는다. 유기 화학자들은 복잡한 탄소 화합물에 대한 관심이 커서 이산화탄소나 중장년층에게 연탄 가스로 알려진 일산화탄소, 그리고 분필이나 석회암 같은 상대적으로 단순한 탄소 화합물은 슬쩍 옆으로 밀어 둔다. 무기 화학자들은 이 화합물들을 슬며시 자기 영역에 포함시키기도 한다. 이렇게 학문 간

경계를 나누기 어려운 것들은 이외에도 제법 많은 편이다. 어떤 탄소 화합물들은 금속 원자와 서로 복잡하게 결합하기도 하는데, 이런 분자들은 촉매(catalyst)로서의 쓰임새가 많다. 촉매는 현대 화학 산업에서 가장 중요한 요소라고 할 수 있다. 어떤 촉매들은 생명 활동에 핵심적인 역할을 담당하는데, 역시 비슷한 구조를 가지고 있다. 이런 부분들만을 전문적으로 연구하는 분야를 별도로 유기 금속 화학(organometallic chemistry)이라고 부르기도 한다. 유기 화학과 무기 화학의 유익한 협업 모델이라고 할 수 있다.

지금까지 화학의 세 분야를 살펴보았다. 큰 주제를 세 가지로 분류해 정리하는 방법이 사실 적당해 보이기도 한다. 이러한 분류는 오랜 기간 화학이라는 학문 영역에 존재하던 것이어서 독자들에게 좀 더 친숙한 것이라 믿는다. 다만, 최근의 학문적 발달 사항을 모두 담아내는 분류 방법은 아니라는 점을 짚어 두고 싶다.

분석 화학(analytical chemistry)은 물질의 현상을 더 자세히 이해하고 싶은 오래된 탐구욕의 결과이고, 비교적 최근에 갈라져 나온 분야이다. 광부들이 광산에서 힘들게 캐낸 광물에는 어떤 물질들이 섞여 있을까? 원유에는? 원료로 쓰일 탄화수소가 필요한데, 그것들만 있을까? 사실 이런 부분에 대한 충분한 이해가 없으면 경제적인 쓰임새가 많이 줄어들 것이다. 분자들을 구별하는 것을 넘어서서 분자 내에 있는 원자들의 배열까지 정밀하게 분석할 수 있다면? 산업적 쓸모가 아주 클 것이다. 이와 같은 역할을 담당하는 영역이 분석 화학이다. 학창 시절의 실험실을 기억해 보면, 유리 플라스크와 비커를 사용해 어떤 물질을 분리해 낸 기억이 있을 텐데 이것이 분석 화학의 기초인 셈이다. 지금 분석 화학은 여러 분광학 장비들과 물리 화학 혹은 무기 화학의 영역에서 개발한 방법들을 이용해 상당히 정밀하게 수행되는 과학이 되어 있다. 이런 방법들에 대해서는 4장에서 좀 더 자세하게 다룰 예정이다. 분석 화학에서 파생된 분야로 **법화학**(forensic chemistry)이 있다. 범죄 관련 영화나 드라마에서 자주 볼 수 있는데, 범죄 현장을 감식하거나 시체의 사인을 분석하는 일들에 적용되고 있다.

앞에서 화학과 생물학의 학문적 유사성에 대해 언급한 적이 있는데, 이 분야를 아예 융합해 생화학(biochemistry)이라고 부른다. 유기 화학의 영향을 많이 받은 분야이고, 촉매 등에 대해서는 무기 화학의 흔적도 많이 남아 있다. 이름처럼, 생명 활동을 기준으로 생물의 체내에서 일어나는 화학 반응들을 집중적으로 연구하는 분야인데, 최근에 관련 지식이 급속도로 축적되고 있다. 뇌의 활동과 사고 능력에 대한 것들도 이 분야에 포함된다. 생명체는 수많은 유기 분자들이 담겨 있는 중요한 화학적 그릇이다. 이 그릇에는 자연이 수백만 년 동안 시도했던 흔적이 남아 있고, 구조적으로 독특한 틈새 분자들도 섞여 있다. 이런 부분들을 분석하고 효소(enzyme)라고 하는 단백질 덩어리들이 생체 내 반응을 어떻게 조절하는지 가려내는 일이 생화학자들의 몫이다. 최근에는 생명체의 멸종 현상에 대한 우려가 큰데,

수백만 년에 걸쳐 나타난 분자들의 소멸에 관한 연구의 중요성이 부각되고 있다.

공업 화학(industrial chemistry)도 이름 안에 연구의 방향이 포함되어 있다. 공장의 규모에서 다루는 화학 반응과 산업적 측면을 주로 연구한다. 화학 산업이 경제에서 차지하는 비중이 워낙 크다 보니, 공업 화학자들은 산업과 무역 등에서 중요한 역할을 담당하는 경우가 많다. 영국의 예를 들면, 화학 산업은 국내 총생산(Gross Domestic Product, GDP)의 20퍼센트가량을 책임지고 있다. 미국의 통계를 보면, 전체 공산품의 96퍼센트 이상이 화학 산업과 직접적인 연결 고리가 있음을 알 수 있다. 이처럼 화학이 제조업에서 차지하는 비중이 매우 커서 오랜 기간 생산 과정에 미심쩍은 부분이 있더라도 슬쩍 넘어가는 경우가 많았다. 이에 대한 대응으로 최근에 녹색 화학(green chemistry)이라는 학문 영역이 활발하게 연구되고 있다. 전 세계적으로 큰 문제를 일으키는 화학 폐기물을 줄이고 친환경 기술을 개발하려는 일련의 노력이 여기에 해당한다. 미래 세대의 행복과 건강한 삶을 좌우하는 일이기에 앞으로 점점 더 중요한 분야가 될 것으로 보인다.

화학이라는 학문을 소개하면서, 이 학문이 다른 연관 학문과 서로 깊은 관계를 맺으면서 발달했다는 점을 살펴보았다. 독자들이 과학이라는 인류의 소중한 지식 체계에 화학의 위치가 어디쯤인지 이해하는 데 도움이 되기를 바란다.

현대 산업에서 중요한 전자 공학이나 광전자기학(빛을 이용해 정보를 처리하는 기술)과 같은 학문들은 물리학이라는 기반이 없으면 존재하지 못했을 것이다. 컴퓨터 공학에 필수 불가결한 반도체는 화학자들에 의해 탄생했다. 이제는 집마다 연결된 인터넷 통신망의 핵심인 광섬유(optical fiber)도 화학자들의 발명품이다.

생물학이 화학에 큰 빚을 지고 있는 것도 사실이다. 특히, 분자 생물학(molecular biology)의 출현 이후에는 DNA의 구조를 분석하고 세대 간 유전 정보의 흐름을 해석하는 일 등에서 화학의 역할이 커지고 있다. 이런 의미에서 생물학은 생명 현상의 주요 특징과 번식 등에 대한 정보들이 화학 지식을 통해 밝혀지면서 자연 과학의 한 분야가 되었다고 해도 과언이 아닐 것이다. 특히, 분자 생물학의 경우에 더 그러한데, 축적된 화학 지식이 없었다면 현재처럼 활기를 띠기 어려웠을 것이다. 최근에 노벨상을 많이 배출하고 있는 의약 화학(medicinal chemistry)이 화학과 생물학의 성공적인 협업 모델일 것이다. 그만큼 인류 사회에 큰 기여를 하고 있다.

「머리말」에서 이야기했듯이, 화학이 인류 사회에 엄청난 이바지를 했다는 점도 간과되어서는 안 된다. 의료 산업, 농업, 정보 통신, 자동차, 건축 등 모든 산업과 일상 생활에서 화학의 기여를 볼 수 있다. 개인으로서도 화학은 많은 선물을 주었다. 물론, 적당한 훈련이 필요하기는 하지만, 우리가 존재하는 세상을 들여다보고 자연 현상을 이해하는 즐거움을 화학으로부터 얻을 수 있다.

지금까지 화학이라는 커다란 지식 체계를 간략하게 소개했다. 이제부터 화학의 지식 상자를 열어 독자들에게 좀 더 자세하게 선보이려 한다. 약간의 지식을 통해 앞에서 이야기한 큰 즐거움을 얻을 수 있기를 바란다.

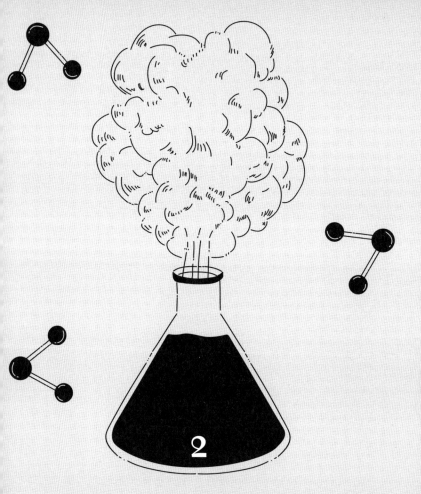

화학의 원리 첫 번째: 원자와 분자

화학을 제대로 이해하기 위해서는 몇 가지의 기본적인 개념들을 알 필요가 있다. 이 개념 중에서 우리는 먼저 원자에 대해 살펴볼 것이다. 원자들이 서로 결합해 분자를 만드는 방식은 화학자들에게 있어 최대 호기심거리이다. 이 장에서는 기본적인 지식을 이용해 어떻게 이런 호기심을 풀 수 있는지 알아볼 것이다.

화학 분야에서 원자에 대한 모든 논의는 주기율표를 중심으로 이루어질 수밖에 없다. 주기율표는 원자들을 일정한 성질에 따라 분류해 놓은 것인데, 독자들도 많이 들어 봤을 것이다. 주기율표에 관해서는 러시아 화학자인 드미트리 멘델레예프가 가장 큰 기여를 했는데, 주기율표는 19세기에 정리된 후, 20세기를 지나면서 더욱 정교해지고 유용해졌다. 그만큼 원자들의 속성에 대한 훌륭한 통찰을 제공했기 때문이다. 독자들이 화학과 관계된 곳에 가 봤다면, 어디에서나, 다시 말해 실험실의 벽이나 책상 위, 혹은 화학 관련 책의 부록 등에서 주기율표를 볼 수 있다. 이 책의 표지 뒷면에서도 볼 수 있다. 주기율표는 그 정도로 강력한 도구이다. 현대 화학자들도 일하는 중간중간 슬쩍슬쩍 주기율표를 쳐다본다.

그렇다면 주기율표에서 어떤 정보를 얻을 수 있기에 이렇게 중요하게 취급될까? 이 표는 원소들과 그 원자들의 구조적인 속성에 대해 매우 의미 있는 정보를 전해 준다. 하나의 표에 불과하지만, 매우 많은 정보를 내포하고 있어서 화학 교과 과정에서도 많은 시간을 할애해 설명한다. 사실, 이렇게 정리된 표가 아니라면, 100가지가 넘는 원자들과 그들의 속성에 대해 어떻게 학습할 수 있을까? 어떤 원자가 표의 어느 부분에 있는지만 봐도 그 속성을 어느 정도 파악할 수 있으니 그 유용함은 이루 말할 수 없다. 주기율표를 정리한 멘델레예프도 화학 교과서를 집필하면서 이 표를 생각해 냈다고 하니, 출발부터 학생들을 고려한 것이라 하겠다.

주기율표는 물질들의 특성을 쉽게 풀어 준다. 무엇보다 원소들이 서로서로 얽혀 있음을 보여 준다. 어떤 독자들에게 주기율표는 너무 익숙해서 그 중요성이 반감되었을지도 모르겠다. 그러나 이 표가 정리되기 진으로 돌아간다고 상상해 보면, 우리는 기체 상태의 산소

(O, 원자 번호 8)와 누런 고체 상태의 황(S, 원자 번호 16)이 서로 비슷한 물성을 가지고 있음을 생각해 내지 못했을 것이다. 공기의 대부분을 차지하는 질소(N, 원자 번호 7)와 빛을 내는 고체인 인(P, 원자 번호 15) 사이에도 무슨 관계가 있을까? 불그스름한 구리(Cu, 원자 번호 29)와 회색의 아연(Zn, 원자 번호 30), 그리고 액체 상태인 수은(Hg, 원자 번호 80)의 관계는? 관계라고 하지만 이들이 가족이나 친구는 아닐 것이다. 그렇지만 눈으로 보이는 상태와 관계없이 속성이 비슷한 원자들을 한 가족처럼 배열하면 이들 사이의 관계에 대한 정보를 매우 직관적으로 얻을 수 있다. 이런 역할을 하는 것이 주기율표이다.

화학은 원자들 사이의 분리와 결합을 탐구하는 '커플 매니저'와 같다는 말을 기억하는 독자가 있다면, 원자들 사이의 관계를 이해한다는 것이 얼마나 중요한지 알아차릴 수 있을 것이다. 산소와 황, 질소와 인은 각각 일종의 사촌지간으로 주기율표에서 같은 열의 위아래에 있다. 구리와 아연, 금과 수은 역시 각각 한 집안의 구성원으로 같은 행에 나란히 놓여 있다. 이들의 겉모습은 매우 달라 보이지만, 반응에 참여하는 모습을 보면 유사하게 행동한다. 분자 내에서도 매우 비슷비슷한 역할을 담당하고 있다. 그리고 이들이 비슷하게 행동하는 이유는 이들 내부의 구조를 들여다보면 이해할 수 있다. 그렇다면 도대체 원자의 구조가 어떻기에 150년 전에 고안된 주기율표가 아직도 효력을 발휘하는 것일까? 이제부터 그 일부를 들여다볼 것이다.

그 전에, 다시 한번 언급하고 싶다. 원자의 구조를 이해한다는 것은 양자 역학을 능숙하게 다룰 수 있음을 뜻한다. 그러나 우리는 원자에 대한 간단한 모형을 기준으로 원자들의 구조와 상관 관계를 살펴볼 것이다. 이 정도만 해도 원자들 사이의 조합과 그 이유에 대한 훌륭한 통찰을 얻을 수 있을 것이다. 혹시 더 깊은 정보가 없어 아쉽다면, 양자 역학 책을 읽어 보라고 권유하고 싶다. 이런 종류의 책들은 책장에 꽂혀 있기만 해도 — 몇 장 보지 않더라도 — 약간의 자부심을 줄 것이다.

원자의 내부에는 가장 기초적인 두 구성 요소가 있다. 중심에 있는 원자핵(nucleus)과 원자핵 주변을 구름처럼 싸고 있는 **전자**(electron)이다. 이 구조는 1911년 어니스트 러더포드의 실험으로 밝혀졌는데, 이것을 원자 모형이라고 부르기도 했다. 이 두 입자는 전기적으로 반대 성질을 띠는데, 원자핵은 양전기를 띠고 전자는 음전기를 띤다. 자석의 N극과 S극처럼 이들 사이의 당기는 힘이 원자 구조를 지탱하는 가장 핵심적인 요소이다. 이렇게만 보면 그렇게 어렵지 않은데, 문제는 이런 입자들이 너무 작다는 것이다. 이 책 한 쪽만 해도 수백만 개가 넘는 탄소 원자가 있다. 그런데 원자핵은 이보다 훨씬 작다. 원자를 축구 경기장 정도의 크기로 생각한다면, 원자핵은 그 중간 어디에서 날아다니는 파리 한 마리 정도의 크기라고 보면 된다. 축구공이 아니어서 실망하셨다면 미안한데, 어쩔 수 없다.

너무 작아서 김이 빠지기는 하지만, 원자핵부터 좀 더 살펴보도록 하자. 사실 전자는 이보다 더 작다. 원자의 원래 의미가 더 이상 쪼갤 수 없는 것이라고 했는데, 벌써 원자핵과 전자로 분리되었다. 그런데 한발 더 나아가 우리는 원자핵마저도 쪼갤 수 있다. 원자핵을 들여다보면, 양성자(proton)와 중성자(neutron)로 구성되어 있음을 알게 된다. 섬세한 독자라면 이름에서 눈치챘을 텐데, 양성자는 양전하를 띠고 중성자는 전기적으로 중성이다. 이런 점만 빼면, 이 두 입자는 매우 비슷한데, 질량도 거의 같다. 양성자와 중성자는 매우 강력한 힘으로 꼭 붙어 있는데, 이 둘이 떨어지게 되면 어마어마한 힘이 외부로 분출된다. 이것이 핵폭발을 일으킨다. 그렇지만 원자핵 내부 세계는 물리학의 주요 영역이다. 화학에서는 원자핵을 화학 반응에서 수동적인 역할을 하는 입자로 여기는 경우가 많다. 상대적으로 반응성이 적어서 그렇다.

원자는 전기적으로 중성이기 때문에 원자핵 속의 양성자와 원자핵 주위에 있는 전자의 수는 같다. 양성자의 수는 원자를 구분하는 가장 중요한 요소여서 이를 가지고 개별 원자들에게 번호를 붙일 수 있다. 주기율표에서 수소는 원자 번호(atomic number)가 1인데, 이는 수소 원자가 하나의 양성자를 가지고 있음을 뜻한다. 그렇게 생각하면 나머지는 쉽다. 원자 번호 2인 헬륨(He)은 2개의 양성자를, 원자 번호 6인 탄소는 6개의 양성자를 가지고 있다. 주기율표에서 이렇게 죽 지나가다 원자 번호 116번인 리버모륨(livermorium, Lv)을 보면 이 원자는 양성자를 116개나 가지고 있음을 알게 된다. 과학자들은 원자들을 이름으로 부르기도 하고, 이름이 헷갈리면 번호로 부르기도 한다. 요약하자면, 우리는 원자들의 내부 구성 요소를 들여다보았고, 양성자의 수에 따라 줄 세울 수 있음을 알게 되었다. (2015년 12월 국제 순수·응용 화학 연합(IUPAC) 회의에서 21세기 들어 발견 및 합성된 새 원소들인 113번 니호늄(nihonium, Nh), 115번 모스코븀(moscovium, Mc), 117번 테네신(tennessine, Ts), 118번 오가네손(oganesson, Og)을 원소로 공식 인정함으로써 주기율표는 118번까지 빈 칸 없이 다 채워졌다. ─ 옮긴이)

중성자는 이 출석부에서 역할이 거의 없다. 원자 내부 연구 과정에서 원자핵은 같은 수의 중성자와 양성자를 가지고 있다고 알려졌는데, 이후에 그렇지 않은 경우도 있음을 알게 되었다. 어떤 원자는 중성자의 수가 일정하지 않고 조금씩 다른데, 이런 원자는 비록 (양성자 수가 같아서) 원자 번호는 같더라도, 질량이 다른 여러 원자로 되어 있다. 이런 원자들을 동위 원소(isotopes)라고 부른다. 이름 그대로 주기율표에서 같은 위치에 있는 원소라는 뜻이다. 원자 번호가 가장 작은 수소의 경우에는 질량이 다른 원소가 세 가지 있다. 우리가 알고 있는 수소는 하나의 양성자를 가지지만, 중성자는 없다. 양성자 1개와 중성자 1개로 되어 있는 원소를 중수소(deuterium), 양성자 1개와 중성자 2개로 되어 있는 원소를 삼중수소(tritium)라고 부른다. 자연계에 존재하는 수소는 양성자는 1개이지만 중성자는 없는 원소가 압도적으로 많다. 중수소는 질량이 수소의 2배인데, 산소와 결합해 중수(heavy water)를 이루기도 한다. 이 중수는 일반 물에 비해 10퍼센트 정도 더 무겁다. 삼중수소는 방사성 물질의 하나인데, 자연 상태에서는 찾아보기 어렵다. 반감기(half-life)가 12.3년 정도여서 비교적 빠르게 붕괴하기 때문이다.

원자를 구성하는 다른 요소인 전자를 살펴볼 순서이다. 원자의 이름표인 원자 번호, 즉 양성자의 수는 원자핵 주변을 구름처럼 둘러싸고 있는 전자의 수를 결정한다. 전자가 가지고 있는 음의 전하량은 (극성은 반대이지만) 양성자의 전하량과 같다. 따라서 전자의 수가 양성자의 수와 같다면 원자는 전기적으로 중성을 띠게 된다. 요약하면, 원자 번호는 한 원자가 가지고 있는 양성자의 수와 전자의 수를 동시에 뜻하게 된다. 따라서 주기율표를 보면서 한 가지 정보를 더 얻을 수 있다. 원자 번호 1인 수소는 전자 1개를 가진다. 원자 번호 6인 탄소는? 전자 6개를 가진다. 원자 번호 116인 리버모륨은 전자 116개를 가진다. 전자와 양성자는 전하량은 같지만, 실제 질량은 매우 다르다. 전자가 약 2,000배쯤 가벼워서 원자의 질량에서 차지하는 비중은 상대적으로 매우 작다. 그렇지만 전자는 원자의 물리적, 화학적 속성에 큰 영향을 미치고 있는데, 화학자들은 원자핵은 조금 데면데면하게 쳐다봐도 전자에 대해서는 바짝 들여다본다. 그만큼 전자는 화학자들의 큰 사랑을 받는 셈인데, 양성자 1개만 가지고 있는 수소가 그나마 예외적으로 원자핵도 관심을 받고 있다. 이 이야기는 4장에서 자세히 살펴보겠다.

화학자들의 관심이 전자에 쏠려 있는 것은 화학의 탐구 영역과 관계가 있다. 1장에서 여러 차례 설명했지만, 화학은 물질들 — 원자나 분자 ─ 사이의 반응을 연구하는 과학인데, 전자들은 반응에 적극적으로 개입하는 데 비해, 원자핵은 거의 영향을 미치지 않는다. 화학 반응을 언급하면서 레고 블록의 예를 들기도 하는데, 레고 블록 하나하나는 원래 모양이 바뀌지 않지만, 조합에 따라 자동차가 되기도 하고, 집이 되기도 해서 적절한 비유로 보인다. 전자는 이런 레고 블록을 서로 연결시켜 주는 요철 부분이라고 생각할 수 있다. 여기까지의 지식만으로도 연금술사들의 노력이 성공할 수 없었던 이유를 알 수 있다. 그들이 힘써 노력한 것은 원자 번호 82번인 납을 원자 번호 79번인 금으로 바꾸는 일이었는데, 아무리 끓이고, 두드리고, 저어 봐도 원자핵에 꼭 붙들려 있는 양성자 3개를 떼어 낼 수는 없었던 것이다. 몇 년 동안 그런 것도 아니고, 자그마치 몇백 년 동안 이런 일에 매달렸다는 것은 금에 대한 끈질긴 욕망이라는 말 외에 달리 설명할 길이 없다. 그러나 현대 지식으로 보면, 이런 과정도 일어날 수 있다. 우리가 핵반응이라고 부르는 과정이 이 '마법'을 가능하게 한다. 하지만 자세한 내용은 핵물리학자들의 탐구 영역이니 여기에서는 더 들여다보지 않도록 하겠다. 원자력 발전 또는 핵발전에 쓰이는 핵연료를 준비하고 폐연료를 처리하는 일에 일부 화학자들이 적극적으로 참여해 안정성을 높이는 일에 기여하고 있다는 것은 언급하고 가겠다.

이제 본격적으로 원자핵 주변을 구름처럼 둘러싸고 있는 전자에 대해 살펴보도록 하자. 사실, 전자의 위치와 운동을 구름에 빗대

어 설명하기는 하지만, 그렇다고 진짜 원자핵 주변에 뿌연 전자 안개가 있는 것은 아니다. 정확하게는 원자핵 주변을 회전하는 전자는 층을 이루면서 위치한다. 여러 층으로 이루어진 건물을 그려 보면 이해에 도움이 될 것이다. 정리하면, 전자는 원자핵을 빙글빙글 도는데, 층을 이루어서 돈다는 것이다. 구름이라는 표현은 전자의 운동보다는 위치에 대해 설명할 때 효율적이다. 전자가 어디에 있는지 찾고 싶다면, 두꺼운 구름 층이 얇은 층보다는 찾을 확률이 높다. 여기에 대해서는 계속 설명할 참이니, 전자의 상태에 대한 이런 이야기가 머릿속에 잘 그려지지 않더라도 전혀 실망할 필요는 없다. 다시 말하지만, 이런 지식은 양자 역학을 공부해야만 완전히 이해할 수 있다.

양자 역학을 풀어 보면 전자 구름이라는 건물의 1층에는 원자핵에서 가장 가까운 전자 2개만 있을 수 있다. 층이 올라갈수록 머무를 수 있는 전자가 많아진다. 2층에는 8개, 3층에는 18개가 있을 수 있다. 4층, 5층에도 정해진 수의 전자만 있을 수 있고, 층 중간, 즉 1.5층, 2.5층 등에는 전자가 있을 수 없다. 전자의 이런 위치 선정 방식에 대해서는 일단 독자들이 받아들여 주기를 바란다. 이런 지식을 안겨 준 양자 역학이 고맙기는 한데, 역학적 문제를 풀지는 못하고 결과만을 받아들여야 하는 상황이 답답할 수 있음을 충분히 이해한다. 그러나 이 덕분에 우리는 원자 번호를 알면 그 원자가 가지고 있는 전자의 수와 층수에 대한 정보를 자연스럽게 얻을 수 있다. 원자 번호가 1이어서 자주 예로 들게 되는 수소는 1층에 전자 1개가 있게 된다. 원자 번호 6인 탄소는 1층에 전자 2개, 그리고 2층에 나머지 전자 4개가 있다. 겹겹이 싸여 있는 양파를 연상해 보면 이해하는 게 더 쉬울 수도 있다.

전자에 대한 이 정도의 지식만으로도 주기율표가 다르게 보일 것이다. 정확하게는 주기율표에서 더 많은 정보를 얻을 수 있다. 이 책의 표지 뒷면에 주기율표를 첨부했는데, 한번 펼쳐 보도록 하자. 시작이 수소이고, 그다음이 헬륨인 것은 알 수 있는데, 맨 윗줄에는 오직 이 원자 2개만 있다. 그것도 원수처럼 멀리 떨어져 있다. 눈치챘겠지만, 맨 위의 행은 전자 구름의 1층을 뜻한다. 1층에는 전자 2개만 있을 수 있으니, 원자 번호 2인 헬륨(He)으로 끝이 난 것이다. 원자 번호 3인 리튬(Li)은 1층에 전자 2개를 채운 다음, 2층에 전자 1개가 들어간다. 2층에는 합쳐서 전자 8개가 들어갈 수 있으니, 원자 번호 3~10까지의 원자는 모두 2층까지 전자를 채우게 된다. 밤의 길거리에서 보는 네온사인 간판들의 네온(Ne)은 원자 번호 10의 기체인데, 이 원자의 전자는 1층에 2개, 2층에 8개로 각 층에 꽉 차게 들어간다. 그렇다면 원자 번호 11인 소듐(Na, 나트륨)은? 이 원자는 1, 2층에 전자를 채우고 다시 3층에 전자 1개를 채우게 된다. 위치를 보면 세 번째 행의 맨 왼쪽에 있음을 알 수 있다. 이렇게 보면, 주기율표에 일정한 순서가 있음을 알 수 있는데, 전자 구름의 층에 따라 원자들을 위아래로 분리하고, 최고층 — 원자핵에서 보면 가장 바깥층이어서 최외각층이라고 한다. — 에 있는 전자 수에 따라 좌우로 나열한 것이다. 예를 들면, 주기율표의 첫 번째 열, 즉 리튬과 소듐 같은 원자들은 최외각층에 전자 1개만 가지고 있고, 헬륨 아래 있는 원자들은 전자의 수는 달라도 최외각층에 전자가 꽉 채워져 있을 것이다. 이렇게 되면 원자 번호 17번까지는 어렵지 않게 전자의 위치를 그려 볼 수 있을 것이다.

원자 번호 18인 아르곤(Ar)의 전자 분포를 살펴보자. 1층에 2개, 2층에 8개, 그리고 3층에 8개가 있을 것이다. 그런데 3층은 전자를 18개나 채울 수 있으니 아직 다 채운 것이 아닌데도 버젓이 꽉 채운 그룹과 같이 있다. 더구나 원자 번호 19인 포타슘(K, 칼륨)은 그다음 줄로 옮겨져 있다. 이 점을 미리 발견한 독자가 있다면 충분히 칭찬받을 만하다.

여기에도 이유가 있는데, 전자의 숫자가 늘어나면서 한 층에 있는 전자들은 다시 몇 개의 방에 나누어 위치하게 된다. 1층은 전자 2개만 있으므로 하나의 방만 있으면 되는데, 2층은 전자 식구가 8개나 되므로 방 2개(2+6)에 나누어 있게 된다. 3층에는 방 3개(2+6+10)가 있다. 각 층의 방도 전자가 채워지는 순서가 정해져 있는데, 3층의 마지막 방, 즉 전자가 10개 채워지는 큰 방의 순서가 조금 다르다. 3층의 두 방(2+6)을 채운 전자는 이후에는 3층이 아닌 4층의 작은 방(2개짜리)부터 채운 후에 3층으로 돌아와서 빈자리를 채운다. 이러한 패턴은 4층, 5층으로 이어지면서 반복적으로 나타나는데, 이에 대한 지식이 쌓이면서 화학자들은 층보다는 방에다 이름을 붙이고 연구하는 것을 선호하게 되었다. 주기율표의 s, d, p, f 오비탈이 이 방들의 이름이다. 이렇게 원자들의 위치 선정 방식은 쉬우면서도 이해하기 어려운 점이 있는데, 이런 점을 발견한 과학자들도 대단하기는 마찬가지이다.

주기율표를 해석하는 데 있어서 핵심 사항을 다시 한번 정리하면, 주기율표의 행과 열은 일정한 규칙이 있으며, 그것은 각 층에 전자가 채워지는 방식과 관계가 있다는 것이다. 다양한 원자들 사이에 일정한 관계 규칙이 생긴 것이다. 원자 번호 8인 산소는 원자 번호 16인 황과 위아래에 위치하며 전자의 수는 다르지만, 최외각층만 놓고 보면, 여기에 있는 전자의 수는 같다. 그 옆의 질소와 인의 관계도 마찬가지이다. 질소는 2층에 5개의 전자가 있고, 인은 3층에 5개의 전자를 가지고 있다. 그리고 이런 최외각층의 전자는 원자들의 조합, 즉 반응을 결정하는 중요한 요소이다. 이에 대해서는 조금 후에 살펴보도록 하겠다.

과학책을 종종 읽는 독자라면 원자는 대부분 빈 공간이라는 이야기를 어디선가 들어본 적이 있을 것이다. 필자도 앞에서 원자가 축구장 크기라면 원자핵은 파리 한 마리의 크기라고 했으니, 원자는 실제로 텅 비어 있는 운동장이라고 할 수 있을 것이다. 그러나 이것은 사실이 아니다. 원자핵 주위를 채우고 있는 전자가 있기 때문이다. 원자핵과 전자는 지구와 달처럼 일정한 거리를 두고 서로 멀리 떨어져서 바라보고 있는 상태가 아니다. 앞에서 선자의 존재 방식을 구름과 같다고 한 것처럼 전자는 원자핵 주위의 공간을 채우면서 어딘가에 분포해 있다. 원자의 크기에 비해 원자핵과 전자는 매우 작으니 원자 내부는 빈 공간이 절대적으로 많다는 것은 맞지만, 위치 선정에 관해서는 우리의 상상과 다르다는 것이 양자 역학을 통해 알게 된 또 다른 소중한 지식이다.

독자 중에는 원자와 (이름만 등장하는) 양자 역학에 내가 지면의 너무 많은 부분을 할애한다는 불만을 제기하는 분도 있을 것이다. 그러나 분자는 원자들의 상호 작용으로 결정되므로 원자에 대한 이해가 조금은 더 필요했다는 점을 이해해 주기 바란다. 100가지가 넘는 원자라는 레고 블록으로 건물을 짓는 방법은 사실 수백만 가지가 있을 수 있다. 실제로 현재까지 화학자들은 수백만 가지 방법에 대한 지식을 쌓아 왔고, 아마도 우리가 모르는 것도 엄청나게 많을 것이다. 우리 주변의 물질들이 이렇게 다양한 것은 전적으로 이런 점 때문이다. 그리고 이것이 화학자들의 일이다. 원자들을 가지고 다양한 조합을 만들어 내고, 만들어진 조합을 해체하면서 분석하고 설명하는 것. 이 원자들의 상호 작용, 즉 서로 연결되는 방식을 화학 결합(chemical bond)이라고 한다. 앞에서 말했지만, 화학 결합에 가장 큰 기여를 하는 것이 전자의 위치와 수이다. 사정이 이래서 전자에 대해 자세히 살펴본 것이다. 이제부터 나는 원자 하나의 구조에서 원자들의 결합으로 이야기를 옮겨 갈 것이다.

물이나 소금, 메테인 기체, DNA 같은 물질들은 고유한 속성을 가지는데, 이 물질들은 어떤 원자들이 서로 결합되어 있을까? 하나는 확실하다. 이 물질들은 둘 이상의 원자들이 서로 결합되어 있다는 것이다. 그렇다면 원자들이 결합하는 방식도 일정한 규칙이 있을까? 결합하기 쉬운 원자들의 조합이 있거나, 자연적으로는 일어날 수 없는 조합이 있을까? 우리 주변의 물질들이 매우 다양한 것은 사실이지만, 그런데도 어떤 질서가 있을 텐데 그것은 무엇인가? 무척 핵심적인 질문이다. 시야를 확장해 보면 이런 질문도 가능하다. 왜 우리 우주에 존재하는 수많은 원자는 모두 결합해 하나의 물질이 되지는 않을까? 어마어마하게 크고 무거운 물질이 될 수 있을 텐데 말이다.

　화학 결합에 대한 이런 궁금증들은 앞에서 길게 설명한 전자 구름을 통해 설명할 수 있다. 좀 더 살펴보자. 원자의 최외각층에 전자가 주어진 개수만큼 가득 차면, 에너지 측면에서 여러 이점이 생긴다. 화학 결합은 이런 이점을 최대화하는 방향으로 일어난다. 최외각층에 전자를 채우는 방법은 여러 가지가 있는데, 하나만 짚어 보자. 최외각층에 전자가 몇 개 없으면 이 전자를 밖으로 흘려 버릴 수 있다. 주기율표에서 왼쪽에 있는 원자들, 예를 들어, 최외각층에 전자가 하나만 있는 리튬, 소듐 등은 쉽게 전자를 떼어 버리는 경향을 보이게 된다. 반대의 경향도 있다. 최외각층에 전자가 많으면 다른 곳에서 전자를 뺏어 와 층을 가득 채우려는 경향이 존재한다. 플루오린(F, 원자 번호 9, 불소)과 염소(Cl, 원자 번호 17) 같은 원자들이 이에 해당한다. 이렇게 주기율표의 왼쪽과 오른쪽으로 가면서 전자와 관련해 어떤 경향이 생김을 알게 된다. 전자를 내주거나 뺏는 방법 외에 다른 방식도 있다. 최외각층의 전자를 공유하는 것이다. 전자가 많거나 적지 않은, 주기율표의 중간 부분에 위치하는 원자들이 이런 경향을 보인다. 인간 사회도 이렇게 중간에 위치하면 유리한 점을 찾아 눈치 빠르게 행동하는 사람이 나오는 것처럼, 주기율표에서도 그렇게 활동하는 원소가 눈에 띄게 된다. 탄소가 그렇다.

다시 정리해 보면, 원자는 전하량이 같지만, 극성이 다른 양성자와 전자의 조합으로 인해 전기적으로 중성이다. 그런데 에너지의 이점을 위해 전자를 떼어 내거나 뺏어 오면 이런 전기적인 균형이 깨지게 된다. 즉 원자가 음전기 또는 양전기를 띠게 되는데, 화학자들은 이런 원자에게 이온(ion)이라는 별도의 이름을 붙인다. 극성을 가지고 있어서 이온들은 전기장 내에서 이동하게 된다. 즉 음이온은 양극으로, 양이온은 음극으로 딸려 가는 것이다. 이온이라는 표현이 그리스 어로 움직인다는 뜻이니 잘 들어맞는다고 할 수 있다. 원자가 외부에서 전자를 하나 혹은 그 이상 뺏어 오면, 양성자보다 전자가 많아지므로 전기적으로 음성인 음이온(anion)이 되고, 반대의 경우에는 양이온(cation)이 된다. 영어의 ion 앞에 붙은 *an-*과 *cat-*은 그리스 어로 위와 아래를 뜻한다. 전기장 내에서 반대로 움직이는 상황을 표현한 것이다.

지금까지 여러 개념을 죽 나열했다. 독자들이 한 번에 이해하기에 조금 바쁠 수 있는데, 정리해 보면 주기율표의 왼쪽에 있는 원자들은 최외각층에 전자가 얼마 없으므로 이 전자들을 떼어 내고 양이온이 되는 경향이 강하다. 반대로 오른쪽에 있는 원자들은 전자를 뺏어 와 조금 비어 있는 최외각층을 채우고, 음이온이 되는 경향이 강하다. 일단 이 정도만 이해해도 지금부터 논의할 주제인 화학 결합을 이해하는 데 큰 어려움이 없을 것이다.

그렇다면 하나의 상상을 해 보자. 음이온과 양이온이 같은 공간에 있어서 서로 만난다면 어떻게 될까? 전기적으로는 서로 반대이니 이들 사이에 강력한 끌림이 있을 것이라고 쉽게 상상할 수 있다. 우리 주변의 물질 중 소금이나 염화소듐(NaCl, 염화나트륨) — 둘은 사실 같은 물질이다. — 등이 이런 끌림에 의해 형성된 화합물이다. 원자 번호 11인 소듐은 주기율표의 맨 왼쪽에 있는데, 전자의 위치를 보면 1층에 2개, 2층에 8개, 3층에 1개 있다. 각 층에 전자를 꽉 채운 상태가 에너지 측면에서 이점이 있으므로 기회만 된다면 소듐은 전자를 하나 떼어 내고 양성자가 하나 많은 양이온이 되려고 한다. 양이온이 되면 Na^+라고 표기한다. 원자 번호 17인 염소는 반대이다. 이 원자의 전자 위치를 보면, 1층에 2개, 2층에 8개를 꽉 채우고, 3층에 전자 7개가 있다. 전자가 1개만 더 있으면 3층도 다 채우게 되므로, 주변에서 전자를 하나 뺏어 와 음이온이 되려는 경향이 있다. 음이온이 되면 Cl^-라고 표기한다. 결과적으로 Na^+와 Cl^-가 만나면 전기적으로 강하게 끌리게 되어 서로 꽉 붙들게 된다. 화학 결합을 하는 것이다. 그렇지만 원자는 너무 작아서 이런 결합을 눈으로 볼 수는 없다. 궁금하면, 부엌에서 소금 알갱이를 집어 보자. 그 안에는 우리가 눈으로 볼 수 있는 밤하늘의 별보다 더 많은 염화소듐 분자가 있을 것이다.

소금의 화학 결합 방식을 이해했다면, 우리나라와 미국의 소금에 근본적인 차이가 없다는 것을 자연스럽게 이해할 수 있다. 물론, 시판되는 소금은 불순물에 따라 다를 수 있다. 소듐과 염소는 (최외각층의 전자 구성에 따르면) 전자 1개와 관련된 경향을 가지고 있으므로 1:1의 비율로 결합하게 된다. Na_2Cl(소듐 2개와 염소 1개)나 Na_2Cl_3(소듐 2개와 염소 3개)와 같은 결합은 일어나지 않는다. 즉 전기적인 끌림으로 인한 결합은 일정한 규칙을 가지고 있는 것이다.

앞에서 설명한 이온들 간의 화학 결합을 간단히 이온 결합(ionic bonding)이라고 부른다. 이온 결합으로 생성된 분자들은 일반적으로 단단한 고체이고 힘을 주면 부서지는 경향이 있다. 녹여서 액체로 만들려면 온도를 한참 높여야 한다. 화강암이나 석회암을 이루는 광물들이 이와 같은 이온 결합으로 형성된 물질들이다. 이온들이 전자를 주고받는다고 해서 이 전자들이 완벽하게 동화되지는 않는다. 쉽게 말하면, 이쪽에서 넘어간 전자는 꼬리표를 달고 저쪽으로 간다는 뜻이다. 여기에 대해서는 더 깊게 들어가지 않도록 하겠다. 우리의 뼈도 매우 단단하고 몸을 지탱해 주는 핵심 역할을 하는데, 대부분 이온 결합으로 생성된 물질들로 구성되어 있다.

다른 물질들도 살펴보자. 우리 몸을 이루고 있는 뼈와 살, 옷의

섬유 조직, 석회암을 둘러싸고 있는 이끼들, 땅 위의 여러 식물은 모두 그 나름의 특성을 가지고 있다. 원자와 화학 결합에 대한 지식이 쌓이면서 이런 물질들과 그 구조에 대한 연구가 뒤따르게 되었다. 이온 결합으로 모든 물질의 화학 결합을 설명하면 좋은데, 앞에서 잠깐 이야기했듯이 화학 결합은 더 다양한 방식이 있다. 전자를 주고받는 방식이 아닌 서로 사이좋게 공유하는 방식이 그중 하나이다. 이 방식을 공유 결합(covalent bonding)이라고 부른다. 여기서 covalent의 co-는 서로 협조한다는 뜻이고, valent는 라틴 어에서 힘을 뜻하는 말을 어원으로 두고 있다.

공유 결합의 가장 흔한 예는 물(H_2O) 분자이다. 원자 번호 8인 산소는 전자 구름 1층에 2개, 2층에 6개의 전자를 가지고 있다. 2층은 전자 8개가 채워지면 가득 차게 되므로 산소는 항상 전자 2개가 아쉽다. 원자 번호 1인 수소는 1층에 전자 1개만 있어서 역시 전자 1개가 아쉬운 처지이다. 따라서 수소 2개가 하나의 산소와 서로 전자를 공유하면 모두가 에너지 면에서 이점을 가지게 된다. 인간 사회의 협상에서는 서로 양보해 윈윈(win-win) 상태가 되는 것이 가장 이상적이라고 하는데, 화학에서는 공유 결합이 이런 경우일 것이다. 이런 공유의 결과로 수소 2개와 산소 1개가 결합한 물 분자를 보게 되는 것이다. H_3O나 HO_2 같은 분자를 볼 수는 없는데, 이런 면에서 부족한 전자를 공유하는 공유 결합도 일정한 규칙이 있음을 알 수 있다. 고약한 냄새가 나는 암모니아(NH_3)는 질소 1개와 수소 3개로 이루어져 있다. 원자 번호 7인 질소는 1층에 2개, 2층에 5개의 전자가 있으므로 전자 3개가 아쉬운 상황이다. 따라서 쉽게 수소 3개와 결합하게 된다. 휘발성이 높은 메테인 기체의 화학식은 CH_4인데, 탄소의 원자 번호가 6이라는 점에서 추론하면 이 분자의 구조에 대해 이해할 수 있을 것이다.

화학 결합 중에서 이온 결합과 공유 결합을 살펴보았다. 이 두 결합만으로도 물질 구조의 대부분을 설명할 수 있으니, 독자들도 이제 거의 화학자가 되어 가고 있는 셈이다. 두 결합 모두 전자가 결정적인 역할을 하는데, 전자를 주고받거나 공유하는 방식에 따라 결합이 이루어진다. 그렇게 헷갈리지는 않을 텐데, 독자들이 이 차이점을 꼭 기억해 두고 책을 읽으면 좋겠다. 공기처럼 우리 주변의 기체는 눈에 보이지는 않지만 모두 분자 상태를 이루고 있다. 산소는 O_2, 이산화탄소는 CO_2의 분자 상태로 존재하는데, 이온 결합을 통해 만들어진 분자는 없다. 혹시 있더라도 결합이 계속 진행되어 고체가 될 것이다. 이것은 액체도 비슷한데, 상온에서 거의 모든 액체는 분자 상태로 존재하고 전기적인 끌림이 없다. 예외가 있다면 물과 휘발유 정도일 것이다. 여기에 대해서는 잠시 뒤에 살펴보겠다.

이온 결합처럼 공유 결합 때문에 고체가 되는 물질들도 있다. 고체 상태의 물질은 이온 결합만의 결과는 아닌 것이다. 단맛이 나는 수크로스(sucrose, 자당 또는 설탕)가 한 예인데, 이 분자는 탄소, 산소, 그리고 수소의 공유 결합으로 만들어진다. 화학식으로는 $C_{12}H_{22}O_{11}$

인데, 공유 결합이기는 하지만 꽤 복잡한 구조로 되어 있음을 알 수 있다.

공유 결합을 좀 더 살펴보면, 원자들 사이에서 공유되는 전자는 하나가 아니라 짝을 이루고 있음을 알 수 있다. 공유 결합은 매우 평등해서 서로 전자를 하나씩 내놓고 공유하므로 항상 짝을 이룰 수밖에 없다. 이것은 20세기 초반의 훌륭한 화학자인 길버트 루이스에 의해 밝혀졌다. 물론, 아주 세세한 설명은 후에 양자 역학의 도움을 많이 받았다. 루이스는 원자들 사이에 공유되는 전자쌍(전자 2개) 1개를 하나의 결합으로 구분한다. 따라서 복잡한 공유 결합도 결합에 참여한 전자쌍을 세어 보면 쉽게 구조를 유추할 수 있다. 독자들도 화학 결합을 가로 선(—)으로 표시한 것을 본 기억이 있을 수 있는데, 선 1개는 공유 결합 1개(전자쌍 1개를 이룬 전자 2개)를 의미한다. 선이 1개면 단일 결합, 2개면 이중 결합, 3개면 삼중 결합이다. 그 이상은 너무 예외적이어서 큰 관심을 두지는 않는다. 여기까지의 지식을 가지고 다시 물(H_2O) 분자를 보면, 수소 원자 2개는 산소 원자와 각각 단일 결합을 이루고 있다. 이산화탄소(CO_2)를 분석해 보면, 탄소와 산소는 이중 결합($O=C=O$)으로 연결되어 있다. 삼중 결합이 있는 분자는 드문 편인데, 분자식이 H_2C_2($H-C≡C-H$)인 아세틸렌(acetylene) 기체가 예가 될 수 있다.

공유 결합에 대해 좀 더 깊게 들어가면, 가장 기초적인 질문, 즉 전자쌍에 대한 궁금증이 커진다. 이런 궁금증을 쫓아가면 에너지에

2장 화학의 원리 첫 번째: 원자와 분자

대한 정보가 필요하다는 것을 알게 되는데, 이런 정보는 양자 역학을 통해 얻을 수 있다. 호기심 왕성한 독자들에게는 미안하지만, 이 지점에서 우리는 좀 더 이해하기 쉬운 설명 방법을 택할 것이다. 다만, 전자의 행동을 설명하는 데 양자 역학이 큰 기여를 했다는 사실만큼은 짚어 두고 싶다.

전자는 정해진 층에 가만히 서 있는 것이 아니고, 맹렬히 움직이고 있다. 이 전자의 움직임도 일정한 규칙을 가지고 있는데, 전자쌍과 관계된 것은 전자의 스핀(spin)이다. 전자쌍을 이룬 전자들은 서로 반대 방향의 스핀을 가지고 있는데, 이렇게 되면 전자쌍은 에너지 측면에서 매우 안정된 상태를 유지할 수 있다. 눈치가 빠른 독자라면 전자 구름의 각 층에 전자들이 짝수로 채워진다는 점(2, 8, …)을 발견했을 것이다. 두 전자가 서로 반대 방향의 스핀을 가지는 것이 에너지 측면에서 이점이 있기 때문에, 전자 구름의 전자들도 둘씩 짝을 이루고 서로 반대의 스핀을 가지는 경향을 보인다. 신기한 일이지만, 에너지 측면에서 들뜨지 않고 차분하게 있으려는 경향은 물질의 속성에 관한 정보를 많이 준다.

이제는 화학 결합의 세 번째 종류에 대해 살펴볼 차례이다. 주요 등장 인물은 우리가 금속이라고 부르는 원자들이다. 철, 알루미늄(Al, 원자 번호 13), 구리, 은(Ag, 원자 번호 47), 금 등은 화학에서 매우 특별한 역할을 담당하고 있는데, 이 금속 덩어리는 원자들이 뭉쳐서 형성된 것이다. 그리고 이런 원자들의 뭉침 현상은 앞에서 언급한 이온 결합과 공유 결합의 결과물이 아니다. 이런 결합들은 서로 다른 원자들 사이에서 일어나는 현상을 시각화한 것인데, 금속 덩어리는 하나의 원자들이 뭉치는 현상이다. 따라서 양이온과 음이온이 없고, 공유하는 전자쌍도 없다. 다이아몬드처럼 탄소 원자들이 단단하게 뭉쳐 있는 것도 생각해 볼 수 있는데, 이건 매우 예외적인 경우로 탄소들이 공유 결합을 통해 서로 연결되어 있다. 금속은 다이아몬드와 달리 두들기면 여러 모양으로 변형할 수 있고, 철사처럼 얇게 만들 수도 있다. (금 세공품을 생각해 보자.) 또한 금속은 표면이 매끄러워 예쁘게 반짝이는 경우가 많고, 전기도 잘 통한다.

금속이 이런 성질들을 가지는 것은 원자들이 **금속 결합**(metallic bonding)을 통해 연결되어 있기 때문이다. 여기에 참여하는 원자들, 즉 금속들은 주기율표에서 모두 왼쪽에 자리 잡고 있다. 여러 차례 봤듯이, 이 원자들은 최외각층에 소수의 전자만 있어서 전자를 떼어 내고 꽉 찬 상태로 있으려는 경향이 강하다. 이 원자들이 죽 연결된 모습을 그려 보면, 이런 생각도 가능하다. 쉽게 떨어질 수 있는 전자들이 원자들이라는 빙판 위에서 미끄러지듯이 움직인다는 것이다. 제법 많은 전자가 움직일 텐데, 모두 같은 원자들이어서 개별 전자의 원래 주소를 구분 짓는 꼬리표를 붙이기 쉽지 않다. 전자가 쉽게 움직이므로, 전자가 방금 지나친 원자는 순간적으로 전자가 부족해 양이온이 되는데, 곧바로 다른 전자로 채워지므로 이런 상태는 오래가지 않는다. 이렇게 쉽게 움직일 수 있는 전자들로 인해 원자들은 서

2장 화학의 원리 첫 번째: 원자와 분자

로서로 단단하게 결합하게 된다. 이 상태에서 원자들은 서로서로 붙어 있기만 하면 되지, 상하좌우 어느 특정 위치를 고집할 필요는 없다. 실제로 오른쪽에 있는 원자를 툭 치면 뒤편으로 움직이기도 하는데, 이런 특성 때문에 금속들은 두드려서 원하는 모양을 만들기 쉽다. 또한 전선을 연결하면 전자들이 전기장을 따라 즉각적으로 움직일 수 있으므로, 전기 전도도가 높아지는 것이다. 표면에서 반짝이는 성질도 이렇게 호들갑스러운 전자로 설명할 수 있다. 표면에 쪼여지는 빛의 파장(이 경우에는 가시광선이 될 것이다.)에 의해 전자들이 출렁거리고, 이런 전자들의 움직임은 다시 빛을 만들어 낸다. 이것이 반사(reflection)라는 현상인데, 거울에 금속 코팅을 하는 이유가 이런 금속 원자의 출렁거림을 이용하기 위해서이다.

금속 결합에 대한 설명에서 독자들은 주기율표의 왼쪽에 있는 원자들을 다른 말로 금속 원자라고 부르는 이유를 짐작해 볼 수 있을 것이다. 반대로 오른쪽에 있는 원자들을 비금속 원자라고 부르기도 한다. 이렇게 보면, 이온 결합은 간단히 금속 원자와 비금속 원자 간의 상호 작용이라고 표현해도 무리가 없을 것이다.

금속 결합까지 이야기했으니, 이제 이 장을 마무리하려고 한다. 화학 반응의 핵심 요소인 물질, 즉 원자와 분자에 대한 이해에 도움이 되었기를 기대한다. 별것 아니라고 생각할 수 있지만 — 그렇다면 정말 기쁠 것이다. — 이 지식을 가지고 다음 장들을 헤치고 나아가다 보면, 화학자들의 탐구 방식과 매우 유사하게 생각하는 자신을 발견하게 될 것이다. 예를 들어, 어떤 결합은 쉽게 만들어질 것 같고, 어떤 결합은 만들어지기 어려울 것이라는 예상도 가능해진다. 이런 모든 정보의 보고가 바로 주기율표이다. 책장 사이나 과학실 벽에서 혹시 주기율표를 본다면, 이 단순한 표가 얼마나 위대한지 음미하면서 의미심장한 눈짓을 하게 되기 바란다. 다음 장에서는 물질의 형성 과정과 그 구조를 결정짓는 근본적인 이유, 즉 에너지에 대해 살펴볼 참이다.

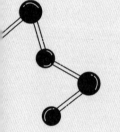

화학의 원리 두 번째: 에너지와 엔트로피

에너지가 없다면 화학에서는 아무런 일도 일어나지 않을 것이다. 이 장에서는 에너지의 역할과 화학 변화의 엔진이 되는 엔트로피(entropy)의 개념을 살펴볼 것이다.

원자는 화학이라는 세계를 관통하는 큰 물줄기 중 하나이다. 그리고 우리는 또 다른 큰 물줄기를 탐사하기 위한 여정을 시작할 텐데, 그 이름은 의외로 평범한 에너지이다. 화학 반응이 왜 일어나고 어떻게 진행되는지, 그리고 화학 결합은 왜 여러 방식으로 진행되는지, 화학자들은 이런 의문에 대한 대답이 에너지에 있다고 믿는다. 에너지는 사실 그 자체로도 흥미로운 주제인데, 엔진에서 연료를 태우거나 음식이 몸에서 소화되어 에너지로 변하는 과정은 과학자들의 큰 관심을 끈다. 1장에서 잠깐 언급했는데, 에너지에 관한 주제는 열역학이라는 분야에서 집중적으로 탐구되고 있다. 맞다. 2장에서 양자 역학을 주로 언급했다면, 3장에서는 열역학을 주로 다루게 될 것이다.

일부 독자들은 이미 알고 있겠지만, 열역학은 나의 주요 연구 주제로서 나는 이미 이에 관한 여러 책을 출간한 바 있다.* 따라서 자세한 내용은 그 책들을 참고하기를 권한다. 2장의 양자 역학과 비슷한 상황이라는 것을 눈치챈 독자들도 있을 것이다. 그렇다. 우리는 증명이 필요한 복잡한 수식들은 모두 열역학 전공자에게 넘기고, 화학 반응에 필요한 지식만을 취사선택할 것이다. 어려울까 봐, 긴장하지 않아도 된다.

열역학의 핵심을 이해하기 위해서는 에너지의 두 측면을 살펴봐야 한다. 질적인 면과 양적인 면이다. (화학자들은 정성적인 측면과 정량적인 측면이라고 할 것이다. ― 옮긴이) 열역학 제1법칙은 에너지 보존 법칙이라는 별명이 있는 것처럼, 우주 전체의 에너지 총량은 일정하다는 것이다. 일정하기 때문에 에너지는 총량은 변하지 않고 그 형태만 바뀔 뿐이다. 내용물은 같은데, 포장만 바뀐 것처럼 말이다. 이 법

---

* *Four Laws that Drive the Universe*, Oxford, 2007; *The Laws of Thermodynamics: A Very Short Introduction*, Oxford, 2010.

칙은 매우 강력한 울타리를 제공하는데, 그럴듯해 보이는 화학 반응일지라도 에너지 총량을 변화시킨다면 일어나지 않는다. 열역학 제2법칙은 질적인 면을 다루는데, **엔트로피 법칙**이라고도 불린다. 엔트로피는 에너지의 질적인 면을 측정하기 위한 도구인데, 엔트로피가 크다는 의미는 에너지가 질적으로 낮은 상태라는 뜻이다. 이 법칙에 따르면, 에너지는 질적인 측면에서 자연스럽게 감소한다. 엔트로피를 사용해 표현하자면, 엔트로피가 커지는 것이 자연스럽다는 뜻이다. 지금도 가끔 보는데, 엔트로피를 '자유도' 혹은 '무질서도'라고 표현하기도 한다. 자연은 정돈되고 깔끔한 것보다 무질서하고 혼란스러운 것을 선호하는 것처럼 보인다. 과학자보다 어린이를 키우는 부모들이 더 잘 이해할 소리일 것이다. 열역학 법칙에 대해서는 계속해서 살펴볼 예정이니 깔끔하게 이해가 되지 않더라도 너무 걱정할 필요는 없다. 한 가지만 기억하면 된다. 물질이 서로 만나서 변화하는 과정에서 에너지 총량이 바뀌거나 엔트로피가 감소하는 방향으로는 결코 반응이 일어나지 않는다는 것 말이다.

화학자들은 앞서 소개한 두 열역학 법칙이 화학 반응에 어떻게 구체적으로 적용되는지 탐구했다. 이를 통해 화학 결합 자체와 결합을 만들고 깨는 반응 과정에서 에너지가 하는 역할에 대한 다양한 지식이 축적되었다. 화학 결합의 측면에서 반응 전의 물질들은 새로운 짝을 찾아 결합을 이루면서 가지고 있던 에너지 일부를 주위에 내놓는다. 그래서 반응 후의 화합물은 에너지 수준이 반응 전보다 낮아지는 게 일반적이다. 이런 과정에서도 에너지의 총량은 변하지 않고, 계는 더 무질서해질 뿐이다. 마치, 물건을 살 때, 지갑에 잘 정리돼 있던 돈을 꺼내 가게 주인에게 건네는 경우와 비슷하다. 돈이 다른 사람에게 옮겨 간 것일 뿐 돈의 총액은 변하지 않는다. 돈은 주변으로 흩어지게 되어 더 자유롭게 퍼져 나간다. 이것이 경제를 돌아가게 만든다.

화학 반응 과정에서 에너지가 흘러나온다는 것이 매우 일반적이기는 하지만, 으뜸 법칙(rule-of-thumb)이라고 할 수는 없다. 그렇지 않은 때도 있기 때문인데, 이 점은 독자들이 오해하지 않았으면 좋겠다. 종교 재판 후에 갈릴레오가 했다는 독백 ― "그래도 지구는 돈다." ― 과 같은 진짜 으뜸 법칙을 찾는다면 그것은, 모든 반응에서 엔트로피는 증가한다는 것이다. 2장에서 나는 원자들이 서로 결합할 때 전자 구름의 전자들이 결정적인 역할을 하며, 에너지 측면에서 안정화되는 방향으로 진행된다는 이야기를 했다. 즉 물이 낮은 곳으로 흐르는 것처럼 에너지 수준이 낮아지는 방향으로 반응이 진행된다. 남는 에너지는 주위 계로 퍼져 나간다.

화학 결합 중에서 공유 결합을 좀 더 살펴보고자 한다. 에너지 측면에서 살펴볼 내용이 좀 더 있기 때문이다. 공유 결합은 전자 구름의 최외각층을 꽉 채우기 위한 움직임이어서 원자 1개가 이루는 공유 결합의 수는 정해져 있다. 이를 원자가(valence)라고 하는데, 주기율표에서 원자의 위치를 찾으면 원자가를 유추할 수 있다. 예를 들어, 산소는 최외각층을 채우는 데 전자 2개가 필요해 수소 원자와 전자를 공유해 물 분자를 만든다. 이를 통해 산소의 원자가는 2라는 것을 알 수 있다. 산소 입장에서는 수소 3개 혹은 1개와 공유 결합하는 것은 에너지 측면에서 이점이 크지 않다. 탄소의 원자가는 4이다. 이산화탄소(CO_2)는 탄소 1개와 산소 2개로 이루어져 있는데, 원자의 숫자만 보고서 탄소의 원자가가 2라고 하면 오류에 빠지게 된다. 이중 결합(O=C=O)이 있기 때문이다. 메테인(CH_4)을 보면 쉽게 이해된다. 이렇게 원자의 원자가에 대한 정보가 있다면 분자 내의 공유 결합 상태도 추론해 볼 수 있다. 주기율표는 다시 원자가를 기준으로 설명할 수도 있다. 특히 공유 결합의 빈도가 높은 비금속 원자들에게는 원자가가 더 의미 있다. 질소는 3, 산소는 2, 탄소는 4 등이다. 같은 열의 원자들은 같은 원자가를 가진다. 탄소 아래 있는 규소(Si, 원자 번호 14)는 4, 산소 아래 황은 2, 질소 아래 인은 3이다.

대부분의 화학 반응에서 에너지가 흘러나온다고 했는데, 이는 사실 특별한 것이 아니다. 우리 주변의 뭔가를 태우면 쉽게 알 수 있다. 뜨거운 에너지, 즉 열이 반응에서 발생하기 때문이다. 가스버너처럼 천연 가스를 태우거나 자동차 엔진에서 휘발유를 태우는 것 등도 모두 같은 과정이다. 화학 반응은 **반응물**(reactant)이 **생성물**(product)로 변화하는 과정이므로, 에너지는 반응물들 사이의 결합이 깨지고, 다른 짝과 새로운 결합을 이루는 과정에 모두 관여하게 된다. 메테인(CH_4) 기체가 연소되는 과정을 화학적으로 기술하면, 메테인 기체가 산소(O_2)와 반응하는 것이다. 메테인 내의 탄소와 수소의 공유 결합이 4개이고, 산소는 이중 결합으로 묶여 있다. 새로운 반응을 위해서는 이 결합들이 모두 끊어진 다음 새로운 결합이 이루어진다. 즉 탄소와 산소가 만나 이산화탄소(CO_2)가 되고, 산소와 수소가 만나 물(H_2O)이 된다. 멀쩡했던 화학 결합이 끊어지는 과정에는 당연히 많은 에너지가 필요하다. 그리고 새로운 결합이 이루어지면 이제 안정화되어 에너지를 밖으로 내보낸다. 만약 메테인과 산소의 결합을 끊어내기 위한 에너지가 이산화탄소와 물이 되는 결합의 에너지보다 높다면, 이 반응은 에너지 측면에서 이점이 없다. 정리하면, 에너지 수준이 높은 곳에서 낮은 곳으로 움직이는 것이 더 자연스럽다고 정리할 수 있다. 이때의 에너지 차이가 메테인의 연소 과정에서 발생하는 열로 변한다. 만약 에너지 차이가 거꾸로 되어 있다면, 메테인을 태울 때 주위의 에너지가 흡수될 테니 따뜻해지는 것이 아니라 추워질 것이다. 냉장고에는 적당한 반응이다.

에너지는 분자 내에 잠재되어 있기도 하고, 열이나 다른 형태로 변환되기도 한다. 이런 에너지 변화를 추적하기에 가장 효율적인 도구가 열역학이고, 화학 반응 과정에서 일어나는 변화가 화학자들의 주요 관심사이다. 앞에서 언급한 것처럼 연소 반응은 우리에게 매우 친숙한 과정이어서 열에너지에 대한 지식은 모든 문명의 핵심 중 하나이다. 반응에 관여하는 에너지의 총량을 열에너지 관점에서 기술하게 되면, 여러모로 편리한 점이 생기는데, 이 에너지의 양을 엔탈피(enthalpy)라고 부른다. 이 이름 역시 그리스 어에서 따왔는데, '안에 있는 열'이라는 뜻이다. 엔탈피와 에너지는 기술적으로는 분리되는 개념이지만, 우리는 분자 내부에 잠재되어 있는 열에너지 정도로 구분하고 계속 살펴볼 것이다.

독자 중 일부는 엔탈피라는 말을 — 이름이 이상해서라도 — 기억하는 분들이 있을 것이다. 학창 시절에 반드시 배우는 개념이기 때문이다. 이에 더해 발열 반응(exothermic reaction)이라는 단어도 생각이 날 것이다. 물질을 태우는 연소 반응은 모두 발열 반응으로 분류할 수 있다. 반응 과정에서 열에너지가 빠져나왔으므로, 반응 후 생성물들의 엔탈피는 반응 전보다 줄어들게 된다. 엔탈피라는 창고에서 열이라는 물품이 빠져나간 만큼 창고가 빈 것이다. 반응물들의 엔탈피가 높거나(창고가 가득 차 있거나), 반응이 매우 효율적이어서 열이 많이 빠져나온다면, 언뜻 생각해도 연료로서 매우 적당한 일이 될 것이다. 따라서 열역학 연구가 증기 기관 시대에 집중적으로 이루어졌다는 점은 결코 우연이 아닌 것이다. 이 부분을 집중적으로 연구하는 분야를 열화학(thermochemistry)이라고 따로 부르기도 한다. 우리가 섭취하는 음식도 이런 과정과 매우 흡사하기 때문에, 음식을 연료로 한 신진 대사와 동력 기관의 연료에 대한 지식 축적에 열역학이 매우 크게 기여하고 있다.

연소뿐만 아니라, 대부분의 화학 반응들은 발열 반응이다. 즉 반응 전의 물질들이 에너지 측면에서 반응 후의 물질보다 더 부자이다. 반응 과정에서 에너지 일부를 열에너지로 주위에 기부하고, 낮은 에너지 상태가 되는 것이다. 화학 결합에서도 보았지만, 물질들이 낮은 에너지 상태를 선호하는 것은 화학의 여러 분야에서 발견하게 되는 공통 법칙 중 하나이다. 이렇게 마무리되면 좋은데, 앞에서 대부분이라고 한 것처럼 그렇지 않은 반응들도 있다. 반응 중에 창고가 채워져서 결국에는 그전보다 더 큰 에너지 부자가 되는 경우이다. 이런 반응을 흡열 반응(endothermic reaction)이라 하는데, 19세기 화학자들에게는 매우 골치 아픈 문제였다. 자연적으로는 많이 관찰되지는 않지만 분명히 있는 이 반응 과정을 설명하기 매우 까다로웠다.

뭐가 빠진 것일까? 사실 우리는 이미 해답을 가지고 있다. 앞에서 열역학의 두 가지 측면, 즉 양적 측면과 질적 측면 중에서, 엔탈피는 양적 측면만을 설명하고 있는 것이다. 다른 하나는? 그렇다. 엔트로피이다. 엔트로피에 대한 지식을 통해, 현대 화학자들은 반응이 — 발열 반응과 흡열 반응 모두 — 엔트로피가 증가하는 방향으로 진행된다는 사실을 알게 되었다. 이 이야기를 좀 더 자세히 풀어 보려고 한다.

발열 반응의 경우, 반응 과정에서 열이 반응 용기를 통해 주변으로 흘러나간다. 이로 인해 주변의 엔트로피는 자연히 상승하게 된다. 소란스러운 상황을 "호떡집에 불났다."라고 하는데, 발열 반응은 이렇게 주위를 무질서하게 만든다. 여기까지는 이해하기 어렵지 않다. 흡열 반응은 이와 다르게 열을 반응 용기 안으로 넣어 주는 상황이 더 무질서하게 된다는 뜻이다. 많지 않은 현상이어서 우리 주위에서 관찰하기는 쉽지 않다. 그러나 반응을 통해 액체가 기체가 되는 과정은 비교적 쉽게 볼 수 있다. 탄산칼슘($CaCO_3$)이나 질산암모늄(NH_4NO_3) 등이 분해되거나 용해되는 과정에서 주변의 열을 흡수하는데, 이때 흡수된 열은 고체나 액체 상태의 분자를 기체 상태로 바꾼다. 기체는 훨씬 자유로운 상태이므로, 이렇게 되면 엔트로피가 상승한다. 더운 여름, 마당에 물을 뿌리고는 하는데, 물이 액체에서 기체로 변하면서 열을 흡수하라고 그렇게 하는 것이다. 반응이 일어나는 것은 아니니 내용은 다르지만, 원리적으로는 비슷하다.

우리는 이제 자연스러운 변화 과정에서는 엔트로피가 커진다는 것을 알게 되었다. 과학적인 설명으로는 부족할 수 있지만, 우리 우주는 지금도 팽창하고 있어서 엔트로피가 증가하는 것이 자연스럽다는 점만 기억해 두기 바란다. 거스를 수 없는 자연 법칙 중 하나이다. 변화의 방향, 즉 화학 반응이 일어나는 방향을 이해했다고 해서 모두 끝난 것은 아니다. 지도에서 길을 찾는 것처럼, 목적지를 알면, 어떤 길로 가야 하고, 언제쯤 도착할 수 있을지 알아야 한다. 반응 속도(reaction rate)에 대해서는 이 장에서 좀 더 살펴볼 것이다. 그리고 길을 선택하는 방식인 반응 메커니즘(reaction mechanism)에 대해서는 다음 4장에서 좀 더 살펴볼 기회가 있을 것이다.

많은 화학자는 적절한 반응을 설계해 유용한 물질을 만들어 내는 일에 일생을 바친다. 이런 학자들에게 반응 속도는 설명할 수 없을 만큼 중요한 일이 될 것이다. 유용한 물질을 더 빨리 만들고 싶기 때문이다. 이렇게 반응 속도를 연구하는 분야를 화학 동역학(chemical kinetics)이라고 한다. 우리는 에너지가 반응 속도에 광범위한 영향을 미치고 있음을 보게 될 것이다. 어떤 반응은 눈 깜짝할 사이에 일어나기도 하고, 어떤 반응은 몇 년이 걸리기도 한다. 화학 반응의 속도는 이만큼이나 범위가 넓다.

　반응 속도를 잰다고 해서 특별한 방법을 사용하는 것은 아니다. 화학자들은 반응 생성물의 양이 시간에 따라 얼마나 증가하는지를 측정해 반응 속도를 알게 된다. 이런 측정을 통해서 몇 가지 중요한 정보를 가지게 되는데, 좀 더 살펴보겠다. 반응물들이 용액 속에 녹아 있다면, 반응이 진행되면서 용액의 농도는 변하게 된다. 반응 속도를 측정하면, 시간에 따른 농도 변화도 예측이 가능할 것이다. 가장 기본적인 일이기는 하지만, 여전히 중요한 정보이다. 반응 속도에 대한 정보는 공장에서 제품을 대량 생산하는 경우에 특히 중요하다. 반응을 위한 최적 조건이 무엇인지 탐색해 효율을 높일 수 있기 때문이다. 반응 속도를 탐구하다 보면, 전체 반응 과정이 일정한 속도로 이루어지지지 않는다는 것을 알게 된다. 한 반응에서도 속도가 빠른 구간이 있고, 느려지는 구간이 있는데, 이를 분석해 보면 하나의 반응도 여러 단계로 나뉘어 있음을 알게 된다. 이를 통해 반응 메커니즘에 대한 지식을 얻을 수 있다. 더 구체적으로는 원자 수준에서 벌어지는 일련의 변화, 즉 반응물이 생성물로 변하는 과정에 대한 정

　　　　　　　　3장 화학의 원리 두 번째: 에너지와 엔트로피

보를 얻을 수 있다.

　우리의 관심은 반응 속도를 결정하는 일에 에너지가 어떤 역할을 하는지 파악하는 것이니, 다시 에너지에 관한 내용으로 돌아가 보자. 앞에서는 반응이 일어나는 자연스러운 경향에 대해 살펴보았다. 엔탈피와 엔트로피는 이에 대한 분명한 답을 주고 있다. 이에 더해, 이런 질문이 있을 수 있다. 왜 어떤 반응은 순식간에 일어나는데, 다른 반응은 그렇지 않은가? 어떤 요인이 있기에 반응마다 가진 고유의 속도가 다른가? 이 질문은 여러모로 제법 묵직한 편이다. 만약, 우리 몸속에서 매 순간 일어나는 반응들이 모두 순식간에 이루어진다면?, "인생은 짧다."라는 격언처럼 정말 짧아질 것이다.

　화학 반응이 모두 순식간에 일어나지 않는 이유는 일종의 장애물 역할을 하는 언덕이 있기 때문이다. 놀이 공원의 롤러코스터처럼 빠르게 내려오기 위해서는 일단 높은 곳으로 이동할 필요가 있다. 반응 속도와 온도의 관계를 측정하면, 반응 초기에 앞에서 이야기한 언덕이 있다는 것을 알게 되는데, 화학자들은 이를 **활성화 에너지**(activation energy)라고 부른다. 이 에너지의 역할은 본격적인 반응 전에 원자들을 조율해 반응이 잘 일어날 수 있는 상태로 만드는 것이다. 기체 상태의 분자들을 보면 이해하기 쉬운데, 이 분자들은 운동성이 높아서 매 순간 서로서로 부딪히고, 에너지를 교환하고 있다. 그런데 실제로 분자 내의 결합이 깨지고 반응이 일어나는 비율은 높지 않은데, 유난히 활발한 분자들만이 이렇게 변화한다. 이 비율을 높여 주려면, 온도를 올려 주면 되는데, 이 열에너지는 기체 분자들의 활동성을 증가시키고, 더 많은 충돌을 일으키기 때문이다. 이때, 올려 주는 온도와 반응 속도의 상관 관계를 파악해 보면 활성화 에너지에 대한 정보를 얻을 수 있다. 어떤 반응들은 활성화 에너지가 많이 필요한데, 이런 반응들은 우리가 일상 생활에서 경험하는 온도(상온)에서는 거의 일어나지 않는다. 예를 들어, 산소와 수소를 같은 용기에 넣어두고 계속 기다린다고 해서 물을 얻을 수는 없다. 온도를 높여 주거나 불꽃을 일으켜 반응을 활성화시켜야만 비로소 물을 얻을 수 있다.

기체 상태뿐만 아니라 액체(용액) 상태에서도 활성화 에너지는 반응 속도에 깊이 관여한다. 우리 몸 안에서 일어나는 반응은 물이라는 용매(solvent)에서 대부분 일어나는데, 이 경우도 다르지 않다. 용액 환경 속에서 분자들은 기체 상태보다 훨씬 차분한데, 용매라는 매질을 통해서만 서로 만나고 반응한다. 그렇지만 한번 만나면 더 격렬하게 반응하는 경우가 많은데, 주변을 둘러싸고 있는 물과 같은 용매들이 반응을 잘할 수 있게 보조해 주기 때문이다. 반응물들이 용액 상태에 있어도 외부에서 에너지를 높여 줄 수 있다. 사실, 주방에서 하는 요리 대부분이 이런 예인데, 용액 온도를 높여 주면 용액 속의 모든 분자가 더 활발하게 운동하게 되고, 이 에너지의 도움을 받아 반응이 빨라지게 된다. 반딧불이도 따뜻한 날씨에는 빛을 많이 내지만, 쌀쌀해지면 찾아보기 힘들어진다. 비슷한 현상을 일상 생활에서도 많이 관찰할 수 있어서 독자들도 이 개념을 어렵지 않게 이해할 수 있을 것이다.

독자 중에는 촉매라는 단어를 들어본 분이 많을 것이다. 촉매가 이 상황에서 갑자기 왜 튀어나오나 싶겠지만, 촉매라는 물질은 활성화 에너지와 깊은 관계가 있다. 실제로 많은 반응에서 — 특히 화학 공장에서 — 적절한 촉매는 반응 속도를 훨씬 빠르게 하는 역할을 한다. 촉매가 있고 없음에 따라 생산 공정의 효율성이 크게 달라지니, 기업 입장에서는 항상 최적의 촉매를 개발하기 위해 노력하게 된다. 그리스 어로 '무효화하다.'나 '풀다.' 같은 뜻을 가진 catalyst는 동양 문화권에서 결혼 상대자를 이어 주는 중매쟁이라는 뜻을 가진 한자 촉매(觸媒)로 번역되는데, 제법 그럴싸한 표현 같기도 하다. 반응 과정에서 촉매의 역할은 기존의 반응 메커니즘과는 다른 더 빠른 지름길을 제공해 주는 것이다. 에너지 측면에서 보면, 반응에 필요한 활성화 에너지를 낮추어 주는 길을 제시하는 역할을 한다. 활성화 에너지를 낮출 수 있으니, 약간의 에너지만 주어져도 반응이 매우 활발하게 일어나고, 반응 속도가 빨라진다. 그러면서도 반응의 결과를 바꾸지는 않으니, 화학자들에게는 매우 기특한 존재이다. 그러나 모든 반응에 적용 가능한 범용 촉매는 없고, 또 항상 촉매가 필요한 것도 아니다. 따라서 각각의 반응에 최적화된 촉매의 개발이 필요하다. 여러모로 화학자들이 해야 할 일이 많고, 화학 전공자들의 취업률이 높은 이유이기도 하다.

촉매의 역할은 우리 몸 안에서도 매우 중요하다. 생물 체내에서 촉매 역할을 하는 단백질 분자들을 다른 이름으로 부르는데, 독자들도 효소라는 단어는 많이 들어 봤을 것이다. 효소의 영어 단어, enzyme은 그리스 어로 효모를 뜻하는 *zyme*에서 유래했다. 먹을 것과 관계가 있다고 본 것 같다. 각 종류의 효소 이름은 대개 '-ase'로 끝난다. 효소는 생물 체내의 주요한 반응에 깊이 관여하고 있어서, 효소가 부족하거나 오작동을 일으키면 매우 참담한 결과를 낳을 수 있다. 체온이 특정 영역을 벗어나게 되면 이런 상황이 나타날 수 있는데, 겨울에 우리가 보온에 최선을 다하는 것은 효소를 정상적으로 작동시키기 위한 우리 몸의 요구 때문이다.

반응 속도를 계속 연구하다 보면, 어느 순간에는 반응이 더 이상 일어나지 않는 시점이 온다. 화학자들은 이 시점을 반응이 평형 상태(equilibrium)에 들어섰다고 표현한다. 이에 대한 지식도 매우 중요한데, 반응에 참여한 반응물이 모두 반응해 생성물이 되었다면 간단하게 반응이 끝났다고 표현해도 무리가 없을 것이다. 따라서 평형에 이르렀다는 말은 단순히 끝났다는 것과는 의미가 다르다. 실제로 많은 반응은 반응물들이 여전히 남아 있음에도 평형 상태에 도달한다. 땔감이 아직도 남아 있는데, 불이 꺼진 모양새이다. 20세기 농업 생산량의 혁신을 가져온 것은 비료의 대량 생산인데, 이것은 암모니아(NH_3)의 생산 공정이 개발되었기에 가능해졌다. 암모니아의 상업적 생산은 여러 의미를 부여할 수 있는데, 이를 개발한 두 독일 화학자의 이름을 따서, 하버-보슈법(Haber-Bosch process)이라고 부른다. 이 반응은 용기 내에 있는 질소와 수소가 일부만 반응해 암모니아를 생산한 후에 갑작스럽게 평형 상태에 도달한다. 이후에 아무리 노력해도 생산량을 더 늘릴 수는 없는데, 노벨상(1918년 프리츠 하버, 1931년 카를 보슈)까지 받은 이 발견도 평형 상태를 어쩌지는 못했던 모양이다. 이 반응은 다음 기회에 좀 더 살펴볼 예정이다.

평형은 반응이 더 이상 진행되지 않는다는 뜻임을 앞에서 이야기했다. 그런데 인간 관계, 특히 남녀 관계도 그렇지만 서로 만나서 활발하게 반응하던 원자들이 한순간 갑자기 냉랭해지는 것은 조금 상상하기 어려운 부분이 있다. 화학자들도 마찬가지로 궁금했던지, 평형 상태에 관한 연구가 계속 진행되었다. 그런데 평형 상태임에도 원자 수준에서 반응을 관찰하면, 여전히 반응이 이루어지고 있음을 알게 되었다. 겉보기에는 평형 상태인데도 반응은 계속 진행되고 새로운 물질이 만들어지고 있는 것이다. 즉 평형 상태에서는 새로운 물질이 생성되는 만큼 다시 분해된다. 결과적으로 생성물의 농도는 일정하지만, 여전히 원자들의 활동성은 조금씩이라도 유지되고 있는 것이다. 이에 대한 지식을 통해 화학자들은 평형 상태가 매우 동적 현상임을 알게 되었다. 암모니아 합성에서 더 이상 암모니아의 농도가 증가하지 않는 것은 합성된 암모니아의 수량만큼 암모니아가 질소와 수소로 분해되고 있음을 뜻한다. 이런 상태를 더 정밀하게 표현하기 위한 용어가 바로 동적 평형(dynamic equilibrium)이다.

반응이 동적 평형 상태에 이르러도 활동성이 소멸한 것은 아니기 때문에 조건을 일부 변경하면 생성물을 더 얻을 수도 있다. 우리 몸의 반응도 그러한데, 체온이 오르내리거나 다른 요인이 있으면 평형 상태에 있던 반응들이 특정 방향으로 다시 움직인다. 외부 자극에 대한 이런 활동성이 사실 우리를 계속 살아 있게 하는 것일지도 모른다. 일종의 항상성(homeostasis)이라고 할 수 있는 이런 미묘한 균형이 생명 활동의 기본일 것이다.

　반응 속도와 동적 평형에 대한 지식이 쌓이면서, 반응을 좀 더 유익하게 조작하고자 하는 욕구가 생겼다. 책을 시작하며 언급한 것처럼 이런 욕망이 화학 발전의 가장 큰 동기를 부여한다. 20세기 초에 프리츠 하버와 카를 보슈가 암모니아 합성에 노력을 기울인 것도 같은 이유일 텐데, 이들은 이 반응을 위해 적절한 촉매를 개발했고, 동시에 높은 압력과 온도를 가해 평형 상태를 좀 더 유리하게 활용하는 방법, 즉 암모니아 생산량이 늘어나는 방법을 개발했다. 이 연구를 통해 비료의 상업 생산이 급격하게 늘어났고, 더불어 농업 생산성도 크게 향상되었다. 하나의 발견이 인류를 먹여 살렸다고 해도 과언이 아닐 것이다.

　지금까지 에너지와 반응의 관계, 다시 말해 에너지가 반응이라는 말을 이끄는 채찍이 되기도 하고, 당근이 되기도 하는 것을 살펴보았다. 가만히 두면 무질서한 ― 엔트로피가 증가하는 ― 상태가 되기를 원하는 자연 환경에서 이를 가능하게 해 주는 에너지는 좋은 당근 역할을 한다. 반면, 원하는 상태가 되기 위해 넘어야 할 언덕 — 활성화 에너지 — 이 있는데, 에너지는 채찍이 되어 이 언덕을 넘게 해준다.

이 장에서는 에너지의 개입과 변화에 대해서 가급적 현상만을 설명하려 노력했다. 현상의 아래에는 반응 물질들이 원자 수준에서 흩어지고 재배열하는 과정이 있기 마련이다. 또한 서로 짝을 바꿔 새롭게 화학 결합을 하는 경이로운 순간들도 같이 있다. 이런 세부 사항에 대한 설명 없이 눈에 보이는 현상만을 설명했다고 실망하는 독자들이 있다면, 그러지 말라고 이야기하고 싶다. 다음 장에서 자세히 살펴볼 예정이기 때문이다.

4

화학 반응

화학의 핵심은 원자들의 조합이 다른 조합으로 전환되는 과정이다. 하도 많이 이야기해서, 독자들도 조금 지겹겠지만, 거듭 강조해도 지나치지 않은 개념이다. 4장에서는 이 전환의 과정에 대해 집중적으로 살펴볼 것이다. 이 과정을 화학에서는 반응이라는 간단한 표현으로 대체하는데, 기본적인 반응은 네 가지로 나누어 볼 수 있다. 반응은 여러 종류가 있지만, 각각은 크게 복잡하지 않다. 이 장에서는 기본적인 지식과 이를 밝혀내기 위한 화학자들의 노력 등에 대해 살펴보려 한다.

아마도 독자들에게 화학에 대한 인상을 물어 보면, 대부분 반응에 관한 답변을 할 것이다. 반응 용기 안에서 색깔이 바뀐다거나, 냄새가 나고, 심하면 폭발이 일어나는 그런 현상들이 인상에 많이 남을 것이다. 화학 반응은 우리 주변에서 다양한 형태로 존재한다. 공장에서 대량으로 이루어져 실생활에 유용한 플라스틱, 페인트, 의약품 등의 생성물을 만들어 내거나, 각종 엔진에서 화석 연료를 연소시키는 것도 화학 반응의 한 형태이다. 주방에서 요리할 때에도 화학 반응을 관찰할 수 있고, 지금도 우리 몸 안에서는 무수히 많은 화학 반응이 일어나고 있다. 우리는 화학 반응과 함께 사는 것이다. 따라서 이런 지식은 오랫동안 축적되어 왔는데, 여기서는 한 가지 중요한 질문을 가지고 이야기를 풀어 가고자 한다. '화학 반응이란 정확히 무엇일까?' 다르게 표현하자면, '화학자들이 용액을 흔들고 젓고 끓이고 다른 용액을 부으면서 하는 신비로운 행동들은 무엇을 위한 것인가?' 이런 질문들을 머릿속에 담고 화학 반응의 세계로 좀 더 가까이 가 보자.

우리 주변의 원자들은 제법 교활해서 약간의 이익만 있어도 쉽게 짝을 갈아치운다. 이런 교환 과정 전의 물질들을 반응물이라 부르고, 교환 과정 후에 새롭게 만들어진 물질들을 생성물이라고 한다. 생성물과 반응물은 원자들의 조합이 바뀐 것뿐이어서 새롭게 생겨나거나 없어진 원자는 있을 수 없다. 따라서 반응물과 생성물의 알짜 질량은 같다는 질량 보존의 법칙이 성립하게 된다. 반응물에서 생성물로의 변화를 원활하게 하려고 때로는 흔들고 젓고 끓이기도 한다.

4장 화학 반응

운이 좋으면 매우 쉽게 반응을 일으켜 원하는 생성물을 얻을 수 있는데, 그렇지 않으면 화학자들은 모든 지식을 동원해 활성화 에너지를 계산하고 반응 메커니즘을 추론한 다음 적절한 반응 장비들을 준비한다. 물론, 운이 좋은 경우보다 그렇지 않은 경우가 압도적으로 많다. 연소나 폭발 등은 작은 불꽃으로 인해 순식간에 일어나기도 하지만, 그물처럼 얽혀 있는 복잡한 의약품들은 대부분 엄청난 노력과 정교한 계획, 높은 수준의 지식, 그리고 무엇보다 적당한 운이 있어야만 만들어 낼 수 있다. 하나의 생성물을 위해 일생을 바치는 경우도 비일비재하다.

화학 실험실은 다양한 실험 장비들로 가득 차 있다. 모두 반응을 준비하고, 생성물들을 걸러내는 일 등을 위해 필요한 장비이다. 이에 대해서는 5장에서 자세히 다루어 볼 계획이다. 이 실험 기구들을 이용해 최종적으로 목표한 생성물을 얻고자 하는데, 흔히 쓰이는 것들만 나열해도 제법 많다. 시험관, 플라스크, 비커, 증류기, 깔때기, 히터 등의 기구들이 모두 손에 닿기 쉬운 곳에 보관되어 있다. 졸업한 지 오래된 독자들에게는 추억의 이름들일 듯하다. 이렇게 많은 실험 기구들을 가지고 반응을 시키는데, 화학자의 눈으로 보면, 실제 반응은 몇 가지 종류로 쉽게 나눌 수 있다. 앞에서 이야기한 것처럼 정확하게는 네 종류이다. 다양한 화학 제품에 비추어 화학 반응의 종류가 너무 적다고 느낄지 모르겠다. 정말 그런지, 아니면 네 종류의 반응 안에 깊은 지식이 있는지 이제부터 살펴볼 것이다. 미리 이야기하면, 이 반응들은 가끔 서로 공모해 진행될 때가 있다. 이런 공모로 인해 처음에는 뭔가 새로운 반응 방식인 줄 알았는데, 나중에 분석해 보고 허탈해 한 경우도 많았다.*

준비됐으면, 이제 반응들을 살펴보자.

사실, 화학자들은 물리학자들보다 훨씬 전에 양성자라는 입자를 인지했다. 다만, 이 입자가 도대체 무슨 역할을 하는지 알지는 못해서 크게 조명받지는 못했다. 2장에서 충분히 설명했다고 믿는데, 양성자는 원자핵 속에 존재하는 입자로서 양전기를 띤다. 기억을 되살리자면, 원자 번호 1인 수소는 세 종류의 동위 원소가 있는데, 그중 질량이 가장 작은 것은 원자핵 속에 양성자 1개만 있고, 중성자는 없다. 따라서 수소 원자는 작은 전하량과 질량으로 인해 주위의 원자들에게 쉽게 붙들리고, 또 쉽게 떨어져 나와 다른 곳으로 이동할 수 있다. 전자를 잃고 이온화되기도 쉬운데, 이렇게 되면 수소 원자 내부에는 양성자 하나밖에 남지 않는다. 수소 이온이 곧 양성자인 셈이다. 이런 속성으로 인해 자연에서 수소 이온은 조금 촐싹거리며 다니는데, 분자 사이에서 활발하게 이동하는 양성자, 즉 수소 이온의 움직임은 네 종류의 반응 중 하나와 깊은 관계가 있다. 이에 대한 설명을 좀 더 이어 나가도록 하겠다.

---

* 나는 나의 이 경험을 *My Reactions: The Private Life of Atoms* (Oxford, 2011)에서 그림으로 자세히 설명한 바 있다.

굳이 화학을 잘 몰라도, 산(acid)과 염기(alkali)에 대한 지식은 상당히 친숙할 것으로 믿는다. 산성을 가진 물질들에 대한 지식은 초기의 화학자들도 제법 가지고 있었는데, 이 물질들이 수소 원자를 가지고 있는 화합물이라는 것은 한참 후에 알게 되었다. 정확하게는 수소 원자를 가지고 있는 화합물 중에 이 원자의 촐싹거림을 제대로 다스리지 못하는 분자가 산이다. 산의 영어 표현인 acid는 라틴 어 *acidus*에서 유래했는데, 이는 신맛을 나타낸다는 뜻이다. 이런 특성으로 산은 쉽게 구별해 낼 수 있다. 지금은 여러 안전한 방법들이 있지만, 초기에 산을 가지고 실험하는 일은 꽤 위험했는데, 이런 실험에서 살아남은 화학자들도 그들의 코를 살살 자극하는 물질이 양성자라는 것은 알지 못했다. 이에 대한 지식은 1923년 말이나 되어서야 정립되는데, 영국의 마틴 로리와 덴마크의 요하네스 브뢴스테드가 각각 다른 논문을 통해, 산은 수소 원자를 포함하고 있는 분자나 이온으로 수소 이온을 다른 분자들에게 떼어 줄 수 있다고 주장했다. 지금 우리가 가지고 있는 지식과 동일하다. 수소 원자를 포함하고 있다고 하더라도, 그것이 강한 힘으로 묶여 있으면 쉽게 산성을 나타내지는 않는다. 요점은 분자의 구조적인 이유로 얼마나 쉽게 수소 이온, 즉 양성자를 떼어 낼 수 있는지 확인하는 것이다. 주방에 있는 식초는 아세트산(acetic acid, CH_3COOH)이라는 물질인데, 산의 한 종류이다. 염산(hydrochloric acid, HCl)이나 황산(sulfuric acid, H_2SO_4)도 산의 한 종류이다. 물론, 염산이나 황산은 주방에 없을 테니 찾아볼 필요는 없다.

화학식에서 'H'라는 알파벳을 본다면, 그 분자는 양성자를 내주고 산처럼 행동한다는 것을 눈치챌 수 있다. 그렇다면 화학식이 H_2O인 물은 어떨까? 곧 답이 나오니, 재미 삼아 독자들도 한번 생각해 보기 바란다.

한 손으로 손뼉을 칠 수는 없는 법이다. 양성자를 내주는 물질, 즉 양성자 주개(proton donor)가 있다면, 그것을 받는 물질, 즉 양성자 받개(proton acceptor)도 있을 것이다. 분자에서 떨어져 나와 자유로워진 양성자를 포획해, 전자 구름에 딱 붙여 놓을 수 있는 물질들이 있다. 이런 물질들을 염기라고 한다. 영어 표현 alkai는 아랍 어 *al qaliy*에서 유래했는데, 불에 타고 남은 재를 뜻한다. 실제로 나무의 재는 염기의 주요 재료이기도 하다.

염기를 가지고 실험하는 것은 산만큼이나 위험한 일이었다. 염기는 비누처럼 미끌미끌한데, 염기가 지방을 비누 물질로 바꿔 주기 때문이다. 손으로 만지면 손에 있던 지방이 비누 물질로 바뀌는 것이다. 이를 확인하기 위해 초기에는 염기 물질을 무턱대고 만져 보고는 했는데, 지금은 물론 더 안전한 방법들이 많이 있다. 독자들이 오해해 염기성 물질에 함부로 손을 대 보는 일이 없기를 바란다. 염기의 이런 미끈거리는 속성, 즉 지방을 비누로 변화시키는 것은 염기의 분자 속에 수산화 이온(OH^-)이 있기 때문이다. 음이온이고, 산소 원자 속에 많은 전자가 있어서 양성자를 보면 바로 끌어들여 물(H_2O) 분자로 전환된다.

지금 시점에서 한 가지 기술적으로 보완해야 할 내용이 있다. 의구심을 가진 독자들도 있을 텐데, 앞에서 영어 alkali를 염기라고 했는데, 이제부터는 양성자를 받아들이는 분자를 alkali가 아닌 base로 바꿔 부를 것이다. (이 책에서는 alkali는 발음 그대로 '알칼리'로 부르고, base를 염기라고 옮길 것이다. — 옮긴이) 알칼리는 물에 녹아 있는 염기를 뜻하므로, 개념상 크게 다른 것은 없지만, 염기는 항상 물에 녹아 있는 것은 아니므로 base가 더 포괄적인 의미를 가진다. 한 예로, 수산화소듐($NaOH$)은 물에 잘 녹는 분자로서, 수용액 상태에서 쉽게 Na^+와 OH^- 이온으로 분리된다. 이 수용액에서 양성자를 받아들일 수 있는 물질인 OH^-를 염기라고 하고, 이 물질이 녹아 있는 수용액을 알칼리라고 부른다.

염기를 뜻하는 영어 base는 일상 생활에서도 많이 사용하는 표현이다. 히말라야 등반대가 정상 정복 전에 머무르는 곳을 베이스 캠프(base camp)라고 하듯이, 이 표현은 어떤 행위의 기반이 되는 시설이나 물질을 뜻하는데, 이런 의미로 인해 염기라는 표현으로 확대되었다. 예를 들어보자. 염산(HCl)을 수산화소듐($NaOH$)과 반응시키면, 염화소듐($NaCl$)과 물(H_2O)을 생성물로 얻게 된다. 이때 염화소듐은 소금과 같은 알갱이가 되는데, 화학식을 보면 염산에서 나온 양성자(H^+)와 수산화소듐에서 나온 수산화 이온(OH^-)이 만나서 물이 되었음을 알 수 있다. 염산이 아닌 황산(H_2SO_4)을 수산화소듐과 반응시키면 어떻게 될까? 황화소듐(Na_2SO_4)과 물을 얻을 것이다. 두 반응에서 우리는 수산화소듐이라는 기본 물질을 이용해 서로 다른 분자를 얻을 수 있음을 알게 된다. 이런 개념을 바탕으로 base라는 이름을 붙이게 되었다.

앞의 예를 재활용해 한 가지 지식을 덧붙여 보겠다. 두 반응의 생성물인 염화소듐과 황화소듐을 염(salts)이라고도 하는데, 여기에도 이유가 있다. 학문적인 개념에서, 염은 앞에서 본 것처럼 산과 염기가 반응해 생성된 물질 중에 물을 제외한 물질을 부르는 일반적인 표현이다. 염화소듐은 짠맛을 내는 소금의 주성분인데, 워낙 흔하게 볼 수 있는 물질이어서, 이런 종류의 물질들을 몽땅 소금(salts, 염)이라고 통칭하게 된 것이다. 염과 소금이 같은 영어 단어를 사용하는 것에 혼란이 없기를 바란다. 사실, 대표성을 가지는 물질의 이름이 그것과 관계된 전체 물질들의 통칭이 되는 경우는 화학에서 흔하게 볼 수 있는 일이다.

4장을 시작하면서 네 종류의 반응을 언급했는데, 이제 독자들은 그중 하나의 반응, 즉 산과 염기의 반응에 조금 친숙해졌을 것이다. 이 반응은 수소 이온, 즉 양성자가 산에서 염기로 이동하는 것이 핵심인데, 화학 반응 전체에서 매우 큰 부분을 차지하고 있다. 특히, 생체 내에서 많이 관찰할 수 있는데, 효소라는 생물학적 촉매가 조절하는 대부분의 생화학 반응은 산-염기 반응이다. 음식의 섭취와 호흡이라고 하는 가장 핵심적인 신진 대사 작용들도 산-염기 반응이다. 아마도 대부분의 독자는 학창 시절에 리트머스 시험지를 가지고

4장 화학 반응

산과 염기를 구분하고, 산성 용액에 염기를 한 방울씩 떨어뜨리는 적정 실험을 한 기억들이 있을 것이다. 마지막 한 방울에 색깔이 바뀌기 때문에 신중하게 한 방울씩 떨어뜨려야 하는데, 우리의 몸도 이런 정교한 적정 실험을 매 순간 하고 있는 셈이다. 정말 대충대충 실험하는 10대 남학생들의 몸속에서도 산-염기 반응은 매우 정교하게 일어난다.

산-염기 반응에서 양성자의 이동을 더 깊이 관찰하면 원자 수준에서 매우 중요한 사실을 알게 된다. 양성자가 전기적인 끌림에 의해 염기의 전자 구름으로 이동하게 되면서 염기의 전자 구름 형태가 일부 바뀌게 된다. 이렇게 되면 주변의 다른 분자를 밀어내는데, 이때 밀려난 분자는 또 다른 원자를 찾아 나서게 된다. 즉 기존의 결합은 와해되고, 새로운 결합이 발생하는 연쇄 작용이 일어나는 것이다. 우리 몸속에서 일어나는 복잡한 반응들도 처음에는 이런 양성자의 움직임으로 촉발되는 것이다.

이제 퀴즈 정답을 확인할 시간이다. 앞에서 물은 내보낼 수소 이온을 가지고 있는데 산일까 염기일까 하는 질문을 하고, 답을 하지 않았다. 독자들은 이미 답을 알고 있겠지만, 물은 당연히 산이다. 그렇지만 동시에 염기이기도 하다. 화학의 정의에 따르면, 물은 산과 염기 두 속성을 모두 가지고 있다. 다소 김빠지는 이야기일 수는 있지만, 이런 속성으로 인해 물은 화학자들에게 매우 중요한 관심 물질일 수밖에 없다. 그렇다면 불순물이 없는 순수한 물속에서는 무슨 일이 벌어질까? 물은 그 자체로 산이기도 하고 염기이기도 해서 순간적으로 산-염기 반응이 끊임없이 일어난다. 독자들 스스로 물 분자라고 상상해 보자. 양쪽 바지 주머니에 양성자(H^+)와 수산화 이온(OH^-)이 하나씩 있다. 양성자는 가만히 안 있고 촐싹거리는 것이 특징이니 틈만 나면 주머니 밖으로 튀어 나가려 한다. 이럴 때 다른 사람이 스쳐 지나가는데, 마침 수산화 이온이 들어 있는 주머니가 더 가깝게 다가온다. 이렇게 되면 양성자는 참을 수 없는 유혹을 느낀다. 그리고 때때로 주머니 밖으로 튀어나가 옆 사람의 수산화 이온 주머니에 들어간다. 그렇다면 이 사람은 분자식으로는 양성자가 하나 더 많은 H_3O^+ 이온이 된다. 이는 자주 있는 일이어서 **하이드로늄** 이온(hydronium ion)이라는 이름까지 있다. 하이드로늄 이온은 억지로 된 것이니, 그 자신도 재빠르게 양성자를 옆의 분자에게 넘겨 버린다. 이런 식으로 물속에서는 OH^-, H_2O, H_3O^+ 이온 간에 끊임없는 소란이 있게 된다. 이제부터 컵 속에 들어 있는 물을 볼 때, 이런 소란을 한번 음미해 보기 바란다. 눈에 보이지 않기 때문에 뭘 좀 알아야 느낄 수 있다. 그러나 이런 소란은 매우 빠르게 진행되기 때문에, 어떤 시점에서 실제 이온들의 농도는 매우 소량일 수밖에 없다. 이온의 존재를 과장해서 말하는 사람들(혹은 광고들)에 혹하지 말기 바란다.

　이제 산-염기 반응을 떠나 다른 반응을 좀 살펴보자. 결론부터 말하면, 지금부터 살펴볼 반응은 전자의 이동과 관계가 있다. 전자는 물리학자인 조지프 존 톰슨에 의해 1897년에 발견되었다. 화학자들은 톰슨이 발표하기 수십 년 전부터 전자를 다루어 오기는 했는데, 정확히 뭔지는 잘 몰랐다. 마이클 패러데이는 활처럼 굽은 모양의 장치를 만들어 전자를 통과시키는 실험을 했는데, 전자에 대한 전반적인 이해가 있었던 것 같지는 않다. 패러데이는 잘 몰랐을 수도 있지만, 그의 실험은 이후에 엄청난 변화를 불러일으켰다. 엄청나다는 것보다 더 대단한 표현이 있다면 그 표현을 사용해야 할 정도로 전자의 이동에 대한 지식은 현대 문명에 대단히 소중하다. 내 말이 미심쩍게 들리는 독자들이 있다면, 주변에 전자 제품이 얼마나 많은지 확인해 보기 바란다. 우리는 그중에서 반응에 대한 부분만 살펴보도록 하겠다.

전자 이동으로 일어나는 반응을 산화(oxidation)와 환원(reduction)이라고 한다. 독자들도 한 번쯤은 들어 본 단어일 것이다. 산화의 영어 표현이 oxidation이다 보니, 산소(oxygen)와 관계가 있을 것으로 생각하기 쉽다. 계속 설명하겠지만, 이 둘 사이에 깊은 관계가 있는 것은 맞다. 다만, 산-염기 반응에서 염과 소금의 관계처럼, 처음에는 산소와의 관계만 알려져 이름을 붙였는데, 지식이 쌓이면서 더 포괄적인 의미를 가지게 된 것이다.

다시 학창 시절로 돌아가서, 그 시절에 했던 실험 중에 마그네슘(Mg, 원자 번호 12) 조각을 공기 중에서 태우면 빛을 내는 것을 본 적이 있을 것이다. 이 과정을 반응으로 기술해 보면, 마그네슘 금속이 공기 중의 산소와 결합해 산화마그네슘(MgO)으로 변한 것이다. 금속

이온인 Mg^{2+}와 산소 이온인 O^{2-}의 결합임을 알 수 있다. 에너지 측면에서 이 반응은 발열 반응으로, 반응 중에 에너지가 열과 빛의 형태로 흘러나오게 된다. 이 반응을 전자의 이동이라는 관점에서 살펴보자. 마그네슘 원자는 산소와 만나면서 전자 2개를 떼어 주고 Mg^{2+} 이온이 된다. 산소와 만날 때만 특별히 그러는 것은 아니다. 염소 기체가 있는 용기에서 같은 실험을 해도 마그네슘은 전자 2개를 떼어 준다. 염소 기체만을 분리해 내는 기술이 없던 시절에는 이런 변화가 산소가 있는 환경에서만 가능하다고 생각해 산화라는 산소와 관계가 있는 이름을 붙였다. 하지만 지금은 전자를 내주는 과정을 통틀어 산화라고 한다. 산화 과정은 때에 따라 구분하기 쉽지 않은데, 예를 들어 휘발유와 같은 탄화수소 연료를 태우는 과정은 애매한 지점이 있다. 그렇지만 산소가 있든 없든, 이제부터 전자를 내주는 현상이 일어나면, 산화가 일어났다고 표현할 것이다.

산-염기 반응을 설명할 때 한 손으로는 손뼉을 칠 수 없다는 비유를 들었다. 양성자를 내주는 쪽이 있다면, 받는 쪽도 반드시 있게 마련이다. 이 간단한 원리는 전자의 이동에 대해서도 똑같이 적용된다. 산화 과정에서 떨어져 나온 전자는 어딘가에서 합쳐진다. 환원되는 것이다.

예전에는 금속이 들어 있는 광물에서 금속 하나만을 분리해 내는 것을 환원이라고 생각했다. 여기에는 배경이 있다. 철광석은 불그스름한 색깔을 띠고 있는데, 철이 산소를 만나 녹이 슬었기 때문이다. 화학식으로는 Fe^{3+}와 O^{2-}가 결합해 있는 것이다. 이 철광석에서 철만을 분리해 내야 강도가 높고 쓸모 있는 물질을 얻을 수 있다. 이를 위해 산업 혁명 시대에는 철광석을 큰 솥에 넣고 탄소와 일산화탄소를 같이 넣어 주어 반응시켰다. 이 상태에서 온도를 계속 높여 주면, 액체 상태로 변한 순수한 철을 얻을 수 있다. 여러 물질이 섞여 있는 철광석에서 철만을 분리해 낸 것이다. 이 과정을 관찰하면서 철이 환원되었다고 생각한 것이다. 한 걸음 더 들어가 보면, Fe^{3+}라는 이온이 전자 3개를 받아 철 원자가 된 것이다. 지금은 금속의 정제와 관계없더라도 산화된 원자로부터 전자를 받아서 원자의 전기적 성질이 변환되면 환원이라고 정의한다. 처음에 예를 든 마그네슘과 산소의 반응을 생각해 보면, 산소(O_2)는 전기적으로 중성인 상태에서 마그네슘으로부터 전자 2개를 받아 O^{2-} 이온으로 바뀌었다. 산소가 환원된 것이다. 마그네슘과 염소를 생각해 보면, 환원된 것은 염소라는 점을 쉽게 알 수 있다.

손뼉을 치는 것처럼 산화와 환원은 언제나 같이 일어난다. 화학자들로서는 둘이 같이 일어나는 과정이기 때문에, 산화와 환원으로 구분하는 것에 큰 의미를 부여할 필요가 없다. 그래서 종종 이 둘을 합쳐 리독스(redox)라는 축약된 단어로 기술하기도 한다. 참고로, 산-염기도 비슷하므로 이를 표현하는 줄임말이 있을 것 같은데, 아직 'basid'와 같은 표기는 잘 사용하지 않는다. 과학자들의 취향은 이해하기 참 어려울 때가 많다.

산화-환원 반응, 즉 리독스 반응은 이루 말할 수 없이 중요하다. 철광석에서 철을 분리해 다양한 도구 및 기구를 만들어 내는데, 우리가 흔히 보는 것처럼 이런 기구들은 시간이 지나면 물에 의해 다시 산화된다. 흔히 녹이 슬었다고 표현하는 현상이 바로 철의 산화이다. 자동차는 휘발유나 경유를 연소시키고 이때 나오는 에너지를 활용해 움직인다. 이 과정을 화학자의 눈으로 보면, 휘발유나 경유와 같은 탄화수소 원료들이 산소와 반응해 산화되면서(동시에 산소는 환원된다.) 이산화탄소와 물로 변환되는 것이다. 이 역시 산화-환원 반응이다.

스마트폰이나 노트북 같은 휴대 기기들은 배터리(electric battery, 전지)의 성능이 매우 중요하다. 최근에는 전기차가 많이 보급되면서, 배터리의 성능 향상에 대한 요구가 커지고 있는데, 배터리를 들여다 보면 여기에서도 산화-환원 반응이 핵심적인 역할을 하고 있음을 확인할 수 있다. 성능 좋은 배터리를 위해서라도 산화-환원 반응을 잘 이해해야 할 필요가 있는 것이다. 이쯤 되면, 이 반응의 중요성에 대해 독자들이 체감할 수 있을 것이다.

배터리의 원리에 대해 좀 더 살펴보자. 배터리는 산화가 일어나는 곳과 환원이 일어나는 곳을 공간적으로 분리한다. 이 두 공간은 금속 전극으로 연결되어 있는데, 이 전극들이 회로의 역할을 한다. 그리고 이 공간들은 전자가 잘 움직일 수 있도록 도와주는 매질로 채워져 있다. 이렇게 되면 준비는 끝난 것이다. 전자만 있으면 된다. 회

4장 화학 반응

로를 따라 움직이면서 우리의 휴대 기기들을 작동시킬 전자는 하나의 전극에서 산화되어 발생하고, 다른 전극에서 환원되어 회로로 흘러나간다. 산화되는 전극을 산화 전극(anode)이라고 하고, 환원되는 전극을 환원 전극(cathode)이라고 부른다. 공간을 채우고 있는 매질을 전해질(electrolyte), 공간을 분리하는 막을 분리막(separator)이라고 부른다. 배터리는 이렇게 네 가지 요소로 구성되어 있다. 독자 중에는 학창 시절에 양극과 음극이라는 표현을 들으면서 혼란에 빠진 사람도 있을 텐데, 이 표현보다는 산화 전극과 환원 전극으로 이해하면 크게 어렵지 않을 것이다. 배터리의 구조에 관해 설명했는데, 배터리의 성능을 개선하기 위해 화학자들로서는 산화-환원 반응의 효율이 높은 전극 물질을 개발하는 일이 매우 중요하다. 현재는 리튬 이온 배터리가 가장 많이 사용되는데, 지속적인 발전이 있을 것으로 기대된다. (2019년 노벨 화학상은 리튬 이온 배터리 연구에 기여한 세 화학자들에게 돌아갔다. — 옮긴이)

산화-환원 반응은 전기 분해(electrolysis) 과정에서도 사용된다. 배터리처럼 전극을 준비한 상태에서 어떤 화합물을 넣고 용매로 이온화시키면, 각 이온은 중성이 되는 방향으로 이동하게 된다. 앞에서 철을 철광석으로부터 분리해 내는 과정을 설명했는데, 주변에서 많이 볼 수 있는 알루미늄을 산화알루미늄(Al_2O_3)으로부터 분리할 때 이 방법을 사용한다. 산화알루미늄을 특수 용매에 녹이면, Al^{3+} 이온과 O^{2-} 이온으로 분리된다. 이 상태에서 전극으로 전류를 흘려

보내면, 양이온인 Al^{3+}는 전극으로 이동해 전자 3개를 받고 알루미늄 원자로 환원된다. 따라서 시간이 지나면 알루미늄 원자가 핫도그처럼 불어나는 것을 볼 수 있는데, 이를 통해 쓰임새가 많은 알루미늄을 얻을 수 있다. 전기 분해는 구리와 같은 다른 금속들을 정제하는 데도 많이 사용된다.

지금까지 네 가지의 반응 중 두 반응을 살펴보았다. 이쯤 되면, 전자가 이동하는 산화-환원 반응과 양성자가 이동하는 산-염기 반응이 조금 헷갈릴지도 모르겠다. 이 두 반응에 있어서 가장 중요한 차이를 하나만 짚어 보면 다음과 같다. 2장에서 보았듯이, 전자는 화학 결합을 결정하는 가장 중요한 요소이다. 따라서 전자가 이동한다는 것은 기존 분자들의 결합에 뭔가 변화가 생긴다는 뜻이다. 휘발유를 연소시키는 것이 산화-환원 반응이라고 했는데, 이때 탄화수소 분자를 이루는 탄소와 수소는 산소와 반응해 이산화탄소와 물과 같은 분자로 재결합된다. 따라서 복잡한 구조를 가지는 분자를 합성하려면, 결합이 바뀌는 산화-환원 반응을 충분히 숙지하고 설계해야 한다. 유기 화학자들의 주요 관심사인데, 쉬운 일인 것처럼 설명한 것 같아 미안한 감이 있다.

산화-환원 반응에서 원자들을 재결합시키는 전자들의 활동성은 생물학에서도 매우 중요하다. 이 활동성이 생물권(biosphere)의 상호 작용과 신진 대사를 좌우한다. 한마디로 생명체를 살아 있게 하는 것이다. 광합성(photosynthesis)도 이와 관련이 깊다. 독자들도 잘 알다시피, 광합성은 식물의 신진 대사에서 핵심적인 역할을 하는데, 햇빛을 흡수해 탄수화물을 만들어 낸다. 이 과정에서 필요한 원자 중 수소는 물로부터 끌어오고, 탄소와 산소는 이산화탄소로부터 가져온다. 이때 필요한 에너지는 햇빛으로부터 얻고, 빛을 받아오는 깔때기 역할은 엽록소라는 물질이 담당한다. 이 엽록소로 인해 식물은 초록색을 띠게 된다. 생명 현상은 모두 이렇게 치밀하게 돌아가는 화학적 과정을 통해 이루어진다. 이렇게 생성된 탄수화물은 여러 형태의 음식으로 바뀌어 우리 몸속으로 들어오는데, 몸속에서 다시 분해되면서 ― 우리 입장에서는 소화되는 것이다. ― 가지고 있던 에너지를 전달한다. 이런 일련의 산화-환원 반응을 호흡과 신진 대사라고 부를 뿐 본질적인 것은 다르지 않다.

처음 이야기했던 네 가지 반응 중에서 두 가지 반응을 살펴보았다. 이제 다음 정거장으로 갈 차례이다. 산-염기 반응에서 양성자가 핵심이고, 산화-환원 반응에서는 전자의 역할이 컸다. 세 번째 살펴볼 반응에서는 이 역할을 라디칼(radical)이 담당한다. 그래서 세 번째 반응을 라디칼 반응(radical reaction)이라고 부른다. 대부분의 독자는 이 라디칼에 익숙하지 않을 것이다. 일상 생활에서 거의 보기 힘들기 때문인데, 더 깊이 들어가기 전에 라디칼에 대해 좀 더 살펴보는 것이 바람직할 것이다. 인간 세상에서 어떤 사람이 "라디칼"하다고 평가받는다면, 우리는 그가 매우 급진적인 성향을 가지고 있다고 생각한다. 라디칼이라는 분자를 이해하기 위한 첫 번째 힌트는 이 분자가 급진적이라고 할 수 있을 정도로 활동성 및 반응성이 높다는 것이다. 화학 반응에 참여하는 전자는 주로 쌍을 이루기 때문에 화학자들은 하나보다는 둘, 홀수보다는 짝수를 더 좋아하는 것처럼 보인다. 화학 결합에서 전자쌍 하나가 단일 결합이고, 전자쌍 둘이 이중 결합이고, 셋이 삼중 결합인 것처럼 말이다. 그러나 전자쌍을 이루지 못하고 홀수의 전자를 가지고 있는 분자들이 있는데, 이를 라디칼이라고 부른다. 그래서 라디칼은 일반적으로 R· 혹은 ·R처럼 표시해 짝을 이루지 못한 전자가 하나 있음을 나타낸다.

설명한 것처럼 대부분의 라디칼은 매우 활동적이어서, 짧은 시간 안에 짝을 찾아서 전자쌍으로 전환된다. 화학식으로 간단하게 표현하면, $R· + ·R \rightarrow R — R$와 같이 된다. 복잡하지 않은 반응 과정이어서, 반응의 메커니즘보다는 라디칼들이 있을 수 있는 환경에 더 관심이 많이 가게 된다. 라디칼이 비교적 많은 환경 중 하나는 불꽃 속이다. 온도가 매우 높아서 불꽃 속 기체 분자들은 들뜨기 쉽고, 결과적으로 결합을 끊고 튀어나갈 가능성이 높아진다. 방염제(fire-retardant)는 불이 났을 때 퍼지지 않게 막아 주는 화학 약품을 말한다. 방염제의 작동 원리가 라디칼 반응과 관계가 있다. 불이 나서 온도가 일정 수준 이상 높아지면 방염제는 라디칼로 변한다. 이 라디칼(편의상 ·X라고 표시한다.)은 불꽃 속에 있는 라디칼들과 적극적으로 반응해 불길이 더 이상 타오르지 않고 사그라지게 한다. 화학식으로는 $R· + ·X \rightarrow R — X$의 과정이 진행되는 것이다.

라디칼 반응은 산업에서 매우 중요하다. 현대 생활은 플라스틱 (plastic)이라는 물질을 떼어 놓고 생각하기 힘든데, 독자들의 주변에도 수없이 많은 플라스틱 제품들이 있을 것이다. 이런 플라스틱은 여러 종류로 구분할 수 있는데, 상당히 많은 종류의 플라스틱이 라디칼 반응을 통해 생성된다. 좀 더 살펴보자. 반응 용기 안에 M이라는 분자가 있다고 가정해 보자. 이 용기 속에 라디칼 R·이 생성되면, R·은 그 반응성 때문에 M을 들이받게 된다. 가만히 있다가 들이받친 M은 라디칼이 아니어서 이 충돌은 RM·이라는 또 다른 라디칼 분자를 만들어 낸다. 이후에는 같은 과정이 반복된다. RM·도 여전히 라디칼이어서 또 다른 M을 들이받고, RMM·을 만들어 낸다. 이런 과정을 연쇄 반응(chain reaction)이라고 하는데, 계속 반복되면 사슬처럼 연결되어 RMMM⋯M·로 진행된다. 이런 연쇄 반응이 여러 곳에서 일어나면 결국에는 라디칼끼리 서로 만나서 라디칼 반응을 하게 될 것이다. 최종적으로 RM⋯MM⋯MR와 같은 형태의 분자가 되는데, 이 분자는 엄청나게 큰 질량을 가지게 되고, 다른 이름으로 고분자 (polymer)라고 불린다. 앞의 라디칼 연쇄 반응은 고분자가 만들어지는 과정 중 하나인데, 중합(polymerization)이라는 이름이 있다. 우리가 사용하는 플라스틱은 이런 고분자 화합물의 중합 반응을 통해 만들어진다. 라디칼 반응이 중요하다고 한 이유를 이해할 수 있을 것이다.

플라스틱은 우리 주변에 넘치는데, 그중에서도 폴리에틸렌 (polyethylene), 폴리스티렌(polystyrene), PVC(polyvinylchloride) 등은 앞에서 설명한 중합을 통해 만들어진다. 설명한 김에 고분자에 대해 한발만 더 들어가 보자. 앞의 중합 과정에서 기본 단위가 되는 분자 M을 단량체(monomer)라고 하는데, 폴리에틸렌의 경우에는 에틸렌(ethylene, C_2H_4)이 기본 단량체가 된다. 화학식으로는 $H_2C=CH_2$로 표시한다. 라디칼 연쇄 반응을 거쳐 이 단량체는 $-CH_2-CH_2-$를 단위체로 해서 반복적으로 죽 연결된 형태가 되는데, 이 기본 단위가 수백 개 혹은 수천 개가 넘기도 한다. 만약에 단량체의 구조가 $H_2C=CHX$라면, 어떻게 될까? 앞의 에틸렌에 비해 수소 원자 하나가 X라고 하는 어떤 원자 혹은 원자 그룹으로 바뀐 것이다. 이렇게 되면, 고분자의 기본 단위는 $-CH_2-CHX-$가 될 것이다. 이런 지식은 화학자들에게 많은 영감을 주는데, X를 잘 설계하면 다양한 고분자를 얻을 수 있기 때문이다. 만약 X가 염소 원자라면, PVC가 되고, 벤젠(benzene, C_6H_6)이라면 폴리스티렌이 된다. 에틸렌의 수소를 모두 플루오린으로 바꿔 중합하면, 냄비나 프라이팬의 표면에 코팅되었다고 광고하는 테플론(Teflon)이라는 고분자를 얻을 수 있다. (테플론은 듀퐁 사의 상품명이다. 화학 이름은 폴리테트라플루오로에틸렌(polytetrafluoroethylene, PTFE)이다. ─ 옮긴이) 조금 장황하게 설명했지만, 라디칼 반응에 대한 지식이 우리의 일상 생활과 매우 밀접하다는 점을 다시 한번 강조하면서 라디칼 반응을 마무리하고, 다음 정거장으로 이동하도록 한다.

드디어 네 번째이자 마지막 반응을 볼 차례이다. 이 반응은 쉽게 얼굴을 보여 주지 않지만, 역시 매우 중요한 역할을 한다. 지금까지 살펴본 반응들에는 두 분자 사이에서 매개 역할을 하는 것들이 있었다. 양성자, 전자, 라디칼 등이다. 지금부터 우리가 관찰할 반응에서 이와 비슷한 역할을 하는 것을 **전자쌍**(electron pair)이라고 한다. 이름 그대로 전자 2개로 이루어진 것인데, 전자 2개면 부족한 것이 없는 셈이다. 따라서 이 반응은 두 분자가 서로 부족한 것을 채우는 방식이 아니라, 하나의 분자가 가지고 있는 전자쌍을 다른 분자에게 제공하는 형태로 반응이 일어난다. 화학식으로 보면, 더 명료한데, A+ :B→A — B라고 표현할 수 있다. 여기서 B 분자의 왼편에 있는 두 점이 B 분자가 가지고 있는 전자쌍이고, B가 A에게 전자를 일방적으로 제공하는 형식으로 반응이 이루어진다. 이 반응을 정립한 사람은 미국의 화학자 길버트 루이스인데, 이 사람의 기여가 얼마나 큰지, 반응의 공식 명칭도 그의 이름을 붙여 루이스 산-염기 반응(Lewis acid-base reaction)이라고 한다. 실제로 루이스는 이와 관련된 연구를 계속하다가, 사이안화 이온(CN⁻)에 중독되어 사망했으니, 일생을 바쳐 연구했다는 말이 결코 과장이 아니다. 반응의 이름에 '산-염기'라는 표현을 붙인 것만 봐도 이 반응이 산-염기 반응과 유사점이 많다는 것을 알 수 있다. 앞의 화학식에서 아무런 기여도 없이 전자쌍을 받는 A 물질을 루이스 산(Lewis acid)이라고 하고, 전자쌍을 제공하는 :B를 루이스 염기(Lewis base)라고 부른다. 초기의 화학자들은 이 반응 과정을 양성자의 이동에 의한 반응이라고 생각했다. 이 반응에 대해 좀 더 들어가 보자.

　루이스 산-염기 반응의 결과 중에 우리가 주변에서 볼 수 있는 것은 색깔이다. 색깔은 우리의 시각 체계와 연결되어 다양한 감정을 불러일으키는데, 루이스 산-염기 반응이 여기에서도 큰 역할을 한다. 좀 더 내용을 살펴보기 위해서는 또 다른 개념을 추가해야 한다. 루이스 산-염기 반응을 통해 생성되어 밝은색을 내게 하는 물질들이 있는데, 조금 복잡한 표현으로 전이 금속 착물(transition metal complex)이라고 한다. 이 거창한 이름으로부터 금속이 포함된 복잡한 분자 구조를 떠올릴 수 있는데, 실제로 우리 피를 선홍색으로 보이게 하는 물질인 헤모글로빈(haemoglobin, $C_{3032}H_{4816}O_{872}N_{780}S_8Fe_4$)이 이 물질의 대표적인 예이다. 좀 더 살펴보자.

　앞서 2장은 반응 물질에 대한 내용이었는데, 모두 주기율표를 중심으로 내용이 전개되었다. 그런데 주기율표 한가운데 있는 여러 물질은 제대로 언급하지 않고 쓱 지나왔다는 것을 눈치챈 독자들도 있을 것이다. 주기율표 중간에 정확히 이야기하면 4열과 7열 사이에 있는 원자들을 통틀어 전이 금속(transition metal)이라고 부른다. 이름으로부터 퍼즐이 맞춰지는 느낌이 들었으면 좋겠다. 전이 금속에는 원자 번호 26인 철(Fe)이 있고, 원자 번호 24인 크로뮴(Cr) 등이 보인다. 크로뮴의 영어 이름인 chromium은 그리스 어로 색깔을 뜻하는 *chroma*에서 유래한 것이다. 예전부터 전이 금속은 색깔과 관계가 있음을 어느 정도 알고 있었다는 뜻이다. 좀 더 찾아보면, 독자들도 들어 봤을 만한 코발트(Co, 원자 번호 27)와 니켈(Ni, 원자 번호 28)도 확인할 수 있다. 이 금속들은 가지고 있는 전자를 뚝 떼어 주는 것을 그렇게 어려워하지 않는다. 실제로 자연계에서 철과 코발트 등은 이온 상태(Fe^{2+}, Co^{3+})로 있는 경우가 많다. 그런데도 안정적인 구조를 가지는 것은 다른 작은 분자들과 함께 있기 때문인데, 일반적으로 다른 작은 분자 6개와 결합을 이루어 안정적인 분자 구조를 이루고 있다. 이 분자 구조를 3차원적으로 그려 보면, 매우 아름다운 건축물을 보는 느낌이 들기도 한다. 전이 금속과 결합을 이루는 작은 분자들을 리간드(ligands)라고 부르는데, 주로 H_2O, NH_3, CN^- 같은 간단한 분자들이다. 정리하면, 전이 금속은 리간드라 불리는 작은 분자들과 결합해 착물을 형성하고, 이를 전이 금속 착물이라고 한다. 전이 금속과 리간드 사이의 결합은 루이스 산–염기 반응으로 만들어지는데, 전자쌍을 제공하는 리간드가 루이스 염기가 되고, 전이 금속은 루이스 산이 된다.

전이 금속이 물속에 있다면, 물(H_2O) 분자가 리간드(루이스 염기)가 되어 착물을 만든다. 일반적으로 리간드 6개와 반응해 착물을 형성하는데, 이때 루이스 염기 역할을 할 수 있는 다른 물질이 첨가되면 리간드 6개 가운데 일부가 이 물질로 교체되기도 한다. 교체가 완료되면, 이 착물은 기존의 착물과는 전자 구름의 분포에서 상당히 달라지는데, 그 결과로 밝은 색깔을 띠게 되는 것이다. 화학자들은 이런 원리를 이용해 물감이나 페인트의 색을 내는 염료와 안료를 합성해 낸다.

물속에 들어가 보면, 호흡의 중요성을 금방 깨닫게 된다. 우리의 호흡도 루이스 산-염기 반응이다. 호흡에 필요한 분자는 산소이다. 우리 몸에 들어온 산소는 피를 통해 몸 곳곳으로 전달되는데, 헤모글로빈이라는 그릇에 담겨 배달된다. 헤모글로빈은 복잡하지만 아름다운 구조를 가진 착물인데, 철 이온인 Fe^{2+}가 중심에 있고, 질소 4개와 루이스 산-염기 반응으로 결합해 있다. 그리고 질소는 다른 탄소 화합물과 결합해 있는데, 전체적으로 매우 대칭적인 구조를 가지고 있다. 착물은 일반적으로 리간드 6개를 선호한다고 했으니, 헤모글로빈은 리간드를 더 받아들일 수 있는 여유가 있다. 이 역할을 산소가 하는데, 호흡을 통해 들어온 산소가 루이스 염기가 되어 철 이온과 반응해 착물 위에 놓인다. 우리 몸의 혈관이 도로라고 하면, 헤모글로빈이라는 택시가 산소라는 승객을 태우고 몸속 곳곳을 돌아다니는 모습이다.

지금도 일부 남았지만, 30년 전만 해도 연탄을 사용한 보일러가 있는 주택이 제법 많이 있었다. 이때만 해도 주요 사건, 사고 기사 중 하나가 연탄 가스 질식으로 인한 사고였는데, 보일러에서 누출된 연탄 가스가 방안으로 스며들어 발생한 문제들이다. 심할 경우 방에서 자고 있던 사람들이 사망하기도 했다. 문제의 주범은 연탄 가스 속의 일산화탄소(CO)인데, 역시 루이스 산-염기 반응과 관계가 있다. 일산화탄소는 헤모글로빈과의 루이스 산-염기 반응에서 산소보다 더 재빠른 리간드가 될 수 있다. 잠든 사이에 이런 일산화탄소가 몸속으로 스며들면, 일산화탄소 승객이 재빠르게 헤모글로빈 택시를 가로채어 가 버리게 되고, 몸속의 신진 대사라는 산화-환원 반응에 필요한 산소가 부족해진다. 초기에 발견하면, 산소를 밀어 넣어 쉽게 치료할 수 있는데, 시기를 놓치면 매우 위험한 상태가 된다. 루이스라는 위대한 화학자를 사망에 이르게 한 사이안화 이온도 비슷하다. 이 분자는 세포 속에 있는 미토콘드리아(mitochondria)의 철 이온과 루이스 산-염기 반응을 해 세포 호흡을 방해하고, 결과적으로 세포를 죽음에 이르게 한다. 독자들은 처음에 루이스 산-염기 반응이라는 이름이 다소 낯설게 느껴졌을텐데, 실제로는 우리의 삶과 매우 밀접하게 관계된 반응이다.

지금까지 화학자들이 밝혀낸 반응들을 살펴보았다. 독자들이 이해하는 데 큰 어려움이 없었기 바란다. 이 장을 마무리하면서, 이런 지식을 바탕으로 화학자들은 어떤 일을 하는지 조금만 엿보려 한다. 반응에 대한 지식이 책 속에만 있는 죽은 지식이 아니고, 우리 삶에 큰 영향을 끼치는 살아 있는 정보라는 점을 보여 주고 싶기 때문이다.

유기 화학자들은 우리 생활에 유익한 화합물들을 합성하는데, 여러 종류의 반응들을 고려하면서 분자 구조를 설계하고 반응 순서를 조율하는 일에 몰두하고 있다. 어떨 때 보면, 마술사 같기도 하고 (분자 전투병에게) 명령을 내리는 군대의 장군 같기도 하다. 지금은 컴퓨터 프로그램들의 도움을 받는 경우가 많아서, 화학 실험실에서도 많은 컴퓨터를 볼 수 있다. 이런 일련의 노력이 크게 성공하면, 화학자는 자기 이름을 화합물이나 반응에 붙일 수도 있다.

복잡한 구조의 분자에서 원자 하나를 교체하고 기능적인 측면들을 분석하는 일은 때로 수개월이 걸리는 지난한 일인데, 복잡한 분자는 그 자체로 하나의 건축물인 것처럼 보일 때도 있다. 유기 화학자의 연구를 건축에 비유한다면, 건축에 필요한 재료와 짓는 순서 등이 고려되어야 할 것이다. 거실을 짓는다면, 다른 장소에서는 반응이 이루어지지 않도록 덮어 놓아야 할 것이다. 이런 과정을 통제하지 못하면, 처음에 설계했던 건물을 완성하기 쉽지 않다. 잠깐만 생각해 봐도, 원자나 분자들을 이렇게 통제하기가 쉽지 않아 보이는데, 우리에게 유익한 의약품, 염료, 향수 등의 분자들이 지금도 이런 방식으로 만들어지고 있다.

조금만 더 들어가 보도록 하겠다. 여기서는 **치환 반응**(substitution reaction)이라는 것을 볼 텐데, 반응의 결과일 뿐, 과정에서는 우리가 보았던 네 반응 중 하나이다. 화학자들은 자연에서 이미 훌륭한 건축물(분자)을 발견하는 경우가 많다. 다만, 그대로 사용하기보다는 일부만 수리해서 사용해야겠다는 결론에 이르기도 한다. 이럴 때, 기존 분자의 일부를 떼어 내고, 원하는 원자나 분자로 치환하게 된다. 기존 분자에서 이탈하거나 치환되는 물질을 **작용기**(functional group, 또는 관능기)라고 한다. 건물의 전선이나 배관처럼 어떤 기능을 가진다는 뜻이다. 치환 반응은 크게 두 가지로 분류하는데, 전자와 원자핵 사이의 전기적인 끌림이 주요 동력이다. 만약 기존 건물에 들어가려는 신입 분자가 두꺼운 전자 구름을 가지고 있다면, 건물 중에서 전자 구름층이 엷은, 즉 원자핵의 양전하가 두드러지는 부분을 찾아갈 것이다. 열 추적 유도 미사일과 비슷할지 모르겠다. 이런 과정을 친핵성 치환(necleophilic substitution)이라고 한다. 반대 경우도 있는데, 전자 구름층이 엷은 신입 분자는 전자가 많은, 전기적으로 음성인 부분을 찾아가는데, 친전자성 치환(electrophilic substitution)이라고 한다. 새로운 복합 분자를 설계하고 합성하기 위해, 화학자들은 전자 구름의 분포를 분석하고, 이에 적당한 신입 분자를 선택해야 한다.

이 장을 마감하며, 독자들이 자연에 존재하는 분자들의 결합 방식과 반응에 대해 조금 친숙해졌기를 기대한다. 이런 지식을 바탕으로 새로운 물질을 합성하는 화학자들의 노력도 함께 이해했으면 좋겠다. 이 정도에서 마무리하고, 또 다른 화학 지식을 찾아 다시 출발하고자 한다.

5

화학의 실험 기술들

반응을 이해하고, 새로운 분자를 합성하기 위해서는 다양한 종류의 기술과 장비가 필요하다. 특히, 분석 화학 실험실에서 기존의 분석 방법을 발전시키고 새로운 기술을 개발하는 일에 큰 노력을 기울이고 있다. 이 장에서는 화학자들이 사용하는 여러 실험 및 분석 기술들을 살펴본다.

독자들에게 대학 연구소나 기업의 화학 실험실을 둘러볼 기회가 있었는지 모르겠다. 그럴 기회가 있다면 실험실이 매우 현대적이라는 사실에 놀랄 것이다. 다양한 기기와 컴퓨터 들을 보면서 학창 시절의 화학 실험실과 매우 다르다고 느낄 텐데, 잘 찾아보면 군데군데 예전에 사용했던 기구들도 아직 많이 남아 있음도 알게 된다. 사실 학교 실험실에서 우리가 사용했던 비커, 플라스크, 피펫 등은 연금술 시대로부터 계속 사용해 오던 기구이다. 그대로 가져와서 주방에서 사용해도 별로 이상할 것이 없는 기구이기도 하다. 산과 염기의 농도를 측정하는 **적정**(titration) 실험에 사용하는 피펫과 뷰렛 등이 조금 특이해서 기억에 오래 남을 수도 있겠다. 적정 실험을 좀 더 살펴보자. 적정을 뜻하는 영어 titration은 실험이나 집합을 뜻하는 프랑스어 *titre*에서 유래한 말이다. 단어의 유래를 안다고 실험이 잘 되는 것은 아니지만, 이 정도는 미리 학생들에게 알려주었으면 좋겠다. 적정 실험은 어떤 염기성 용액에 염기의 농도가 얼마나 되는지 측정하는 것이다. 이를 위해 피펫에 (농도를 알고 있는) 산 용액을 넣고 한 방울씩 염기 용액에 떨어뜨리면서 변화를 관찰한다. 일반적으로 색깔이 달라지는데, 마지막 한 방울로 순식간에 달라지므로 처음에 변화가 없다고 부주의하게 죽 떨어뜨리면 그 마지막 방울을 놓치게 된다. 독자들도 이런 이유로 선생님에게 꾸중을 듣고 다시 실험하거나 옆 친구들의 결과를 슬쩍 베낀 기억들이 있을 것이다.

실험실에는 또 다른 기구들도 있는데, 주로 물질을 분리할 때 사용한다. 두 가지 용액이 섞여 있는 상태에서 합성 물질이 침전되면, 여과지를 가지고 걸러낸다. **여과법**(filtration)이라고 하는데, 입자의 크기 차이를 이용해 걸러내는 방법이다. 드립 커피(drip coffee)를 내릴 때도 쓰는 방법이어서 독자들도 친숙할 것이다. 모든 용액은 고유의 끊는점이 있는데, 이 차이를 이용해 분리해 내는 방법을 증류법(distillation)이라고 한다. 우리가 사용하는 휘발유와 경유도 이 방법으로 분리한 것이고, 술(증류주)도 이런 식으로 얻는 경우가 많다.

이것 말고도 물질을 분리해 내는 방법은 매우 많다. 물질 분리는 그만큼 중요하기 때문이다. 그중에서 대표적인 방법이 크로마토그래피(chromatography)이다. 이 용어는 색을 뜻하는 그리스 어 *chroma*와 기록한다는 의미의 *graphein*이 합쳐진 말이다. 물질들은 상호 작용하는 방식이나 정도가 다를 수 있는데, 이런 점을 이용한다. 혼합 용액에 종이를 담그면 물질마다 종이를 따라 이동하는 속도가 다르다. 이런 사실을 이용해 특수 처리한 종이를 사용하면, 물질의 이동에 따라 색이 달라지는 현상을 관찰할 수 있다. 역시 학교 실험실에서 자주 하는 실험이니 독자들도 꽤 익숙할 것이다. 이 방법은 놀랄 만큼 정교해지고 다양한 기술들이 개발되어서 매우 유용하게 사용되고 있다.

지금까지 본 방법들은 매우 고전적이어서, 중세의 연금술사들이 와도 크게 낯설어하지 않을 것이다. 그러나 추억 어린 전통적인 방법들은 여기서 마무리하고, 이제부터는 최근에 개발되어 화학자들에게 큰 도움을 주는 방법들을 소개하도록 하겠다. 처음 보게 될 방법은 분광학(spectroscopy)이다. 이 단어는 본다는 뜻의 라틴 어 *specere*에서 유래했다. 물론, 현대의 방법으로는 그냥 보는 정도가 아니라 매우 정밀하게 본다.

얼마나 정밀하게 볼 수 있을까? 원자 분광학(atomic spectroscopy)부터 시작해 보자. 원자들을 가열하거나 에너지를 주입하면, 원자에 있는 하나 이상의 전자들이 자리를 이탈해 들뜬 상태(excited state)가 된다. 그러다가 바로 원래 자리로 돌아오는데, 원자 주위를 진공 상태로 만들면, 전자가 이렇게 움직이면서 주위에 빛의 형태로 에너지를 방출한다. 이 빛을 광자(photon)라고도 한다. 이때 흘러 나오는 빛의 색깔은 에너지에 따라 다르다. 전자의 운동성이 커서 높은 에너지가 흘러나온다면 파장이 짧은 자외선이 나오게 되고, 에너지가 낮아지면 가시광선을 거쳐 적외선 쪽으로 빛의 색깔이 변하게 된다. 정리하면, 원자에 속해 있는 전자들은 전자 구름 내의 일정한 층에 있게 되는데, 외부로부터 충격(에너지)을 받으면 원래의 층에서 튀어 올라갔다가 다시 내려온다. 전자 구름의 층은 에너지 수준을 뜻하는데, 들뜬 전자가 다시 내려오면서 일정한 에너지를 밖으로 내보낸다. 올라간 높이에 따라 에너지의 크기는 제각각이다. 이 에너지가 형태를 바꿔 빛으로 변하면, 에너지의 크기에 따라 일정한 색을 나타낸다는 것이다. 화학자들과 물리학자들의 노력 덕분에 우리는 이 현상에 대해 아주 상세한 지식을 가지게 되었다. 여기서는 독자의 이해를 위해 여러 부분이 생략되었다는 점을 이해해 주기 바란다.

사람들이 몰리는 지역에서 저녁 약속을 잡으면, 거리에서 수많은 가로등과 간판을 보게 된다. 노란색도 보이고 빨간색도 많이 보인다. 노란색은 소듐 원자가 앞에서 설명한 방법으로 만들어 낸 불빛이다. 빨간색은 네온 원자의 몫이다. 우리가 일상에서 사용하는 네온

사인이라는 표현은 제법 과학적 사실을 바탕에 둔 조어이다. 따라서 빛의 파장을 기록하고 분석하면, 거꾸로 원자들의 현재 상태를 유추해 볼 수 있다. 이것이 원자 분광학의 기본 원리이다.

아주 작은 원자도 관찰이 가능하니, 원자가 조합을 이룬 분자도 크게 어렵지 않다. 분자 내의 전자들도 그 움직임은 크게 다르지 않은데, 분자는 원자들이 결합해 있으므로 상태를 관찰하는 것은 다른 방식을 사용한다. 원자 분광학이 빛의 방출을 관찰한다면, 분자 분광학은 빛의 흡수를 관찰한다. 3장과 4장에서 보았듯이, 분자 내의 결합은 에너지가 응축된 상태이다. 결합의 종류에 따라 응축된 에너지의 크기는 달라지는데, 이런 분자에 광선, 즉 광자의 덩어리를 흘려보내면, 결합 에너지와 궁합이 맞아서 분자 속으로 흡수되는 빛이 있다. 분자 입장에서는 외부 에너지를 받아서 이득을 본 것이지만, 광선의 입장에서는 일부가 손실된 셈이다. 광선의 종류를 바꿔 가며, 즉 빛의 색깔을 달리해 흘려보내고, 분자에 흡수되어 손실된 양을 계산하면(컴퓨터가 자동으로 한다.), 분자의 에너지 특성에 대한 중요한 정보를 얻을 수 있다. 이렇게 축적된 정보는 새로운 분자를 탐색할 때에도 유용하게 사용할 수 있다.

빛은 입자이면서도 파동인데, 파장이 짧을수록 에너지가 높다. 분자에 빛을 쏘여 흡수시키는 일은 에너지가 높을수록 유리하므로, 파장이 짧은 빛일수록 효율적이다. 우리 주변의 많은 분자는 빛의 파장 중에서 가시광선을 흡수하는데, 덕분에 우리는 다양한 색깔을 보게 된다. 이런 과학적 배경 때문에, 분자 분광학은 주로 가시 광선과 자외선을 사용한다. 이 기술을 자외선-가시광선 분광법(UV-Vis Spectroscopy)이라고 하는데, 독자들도 다음에 관련 내용을 듣게 되면, 이름의 유래를 이해할 수 있을 것이다.

적외선을 사용하는 분광학도 있다. 적외선은 파장이 비교적 길어서, 자외선이나 가시광선에 비해 에너지가 낮다. 적외선의 에너지는 다른 의미에서 아주 유용한데, 이 에너지는 전자의 분포를 흔드는 것이 아니라, 분자의 결합을 자극해 진동하게 만든다. 원자와 원자 사이의 결합을 딱딱한 철사가 아닌 고무줄이라고 상상해 보자. 에너지를 받으면 고무줄은 가만히 있지 않고 튕기는 등의 운동을 한다. 고무줄을 튕기게 하는 에너지는 결합에 따라 고유한 크기가 있는데, 예를 들면, CH_3와 CO_2의 고무줄은 서로 다른 크기의 에너지를 받을 때만 흔들린다. 이런 정보를 알게 된 후, 화학자들은 모든 종류의 결합에 맞는 에너지의 크기를 측정해 기록해 두었다. 상당히 유용한 지식 창고가 생긴 셈인데, 구조를 잘 모르는 분자가 있다면, 적외선 분광법을 사용해 볼 수 있다. 어떤 에너지에 의해 자극받는지 측정하면, 어떤 종류의 결합들이 그 안에 있는지 유추해 볼 수 있다.

지금까지 설명한 분광법들도 매우 유용하게 사용되는 것들이다. 그렇지만 아마도, 지금 설명할 분광법만큼 유용하지는 않을 것이다. 중요한 만큼 이름도 어려운 핵 자기 공명(nuclear magnetic resonance, NMR) 기술이다. 건강 보험의 적용 때문에 논란이 되고는 하는 의료 장비가 자기 공명 영상(magnetic resonance imaging, MRI)이라는 것인데, 이 방법도 화학 기술인 NMR에서 유래한 것이다. 그러나 NMR 이후에 개발한 것이어서, 의료 장비 회사는 화학자들보다 조금 영리하게 이름을 붙였다. 사실, NMR는 방사능과는 아무 관련이 없는데, '핵'이라는 표현을 써서 괜한 오해를 불러일으켰다. 덕분에 NMR 담당자는 기회가 있을 때마다 이 사실을 설명하고는 한다.

NMR 분광법도 크게 보면 다른 분광법과 비슷하다. 외부에서 어떤 에너지가 주어지면, 원자 내부 입자들의 활동성이 이에 맞춰 변한다. 이 변화를 측정해 기록하고 저장하면 소중한 지식 창고가 되는 것이다. 그렇다면 NMR에서 다루는 입자는? 쉬운 질문일 것이다. 이름에 있듯이 원자핵이다. NMR는 모든 원자의 원자핵을 다루지만, 설명을 위해 가장 간단한 입자를 소환해 보겠다. 산-염기 반응에서 큰 활약을 한 수소 원자의 원자핵, 즉 양성자를 가지고 설명을 이어 나가도록 하자.

원자 안에 있는 입자들은 가만히 있는 경우가 없다. 양성자들도 마찬가지인데, 지구가 자전 운동을 하듯이 특정 방향의 스핀을 가지고 있다. 외부 자기장이 없다면, 양성자들의 스핀은 일정한 방향성을 가지고 있지 않다. 이런 상태에서는 유용한 정보를 얻을 수 없다. 그런데 외부에서 자기장을 걸어 주면 유도 자기장이 생기는데, 이렇게 되면 스핀 방향이 두 가지 경우로 단순해진다. 즉 외부 자기장과 같은 방향으로 회전하거나, 반대 방향으로 정렬된다. 표현이 어려우니, 스핀을 시계 방향이나 반대 방향처럼 특정 방향으로 도는 팽이에 빗대 설명해 보자. 양성자는 시계 방향으로도 돌 수 있고, 그 반대 방향으로도 회전할 수 있는데, 방향에 따라 자기장의 중심축, 즉 북극이 달라진다. 이런 지식만으로도 과학자들은 칭찬을 받을 만하다. 그런데 이 지식을 바탕으로 장치를 고안해 낼 수 있다. 외부에서 자기장을 걸어 주고, 그 속에서 양성자를 회전시킨다. 회전 방향은 시계 방향과 그 반대 방향의 두 가지인데, 이 방향에 따라 다른 에너지 크기를 가지고 있다. 독자들이 책을 읽고 있는 환경은 모르겠지만, 책상이나 식탁 위에서 서로 다른 방향으로 회전하는 양성자가 있다고 상상해 보자. 이때 유도되는 자기장의 방향은 식탁 위가 되거나 아래 방향이 될 것이다. 연필이 있어서 식탁에 세워 놓으면 그 방향이 위로 향하는 것이고, 반대가 아래 방향이다. 자기장이 위를 향하는 것보다 아래를 향할 때 양성자의 에너지가 더 높다. 이렇게 고안된 장치를 놓고, 외부에서 빛을 쪼여 준다. 빛은 파장에 따라 다른 에너지 크기를 갖는데, 어떤 특정한 파장에서 양성자는 이 빛과 반응해 활동성이 바뀐다. 여기서 바뀔 수 있는 활동성은 하나밖에 없는데, 양성자의 스핀 방향이 바뀌는 것이다. 이럴 때 화학자들은 빛의 파장과 양성자의 운동성이 서로 공명(resonance)되었다고 한다. 비유하자면, 둘이 동시에 소리가 울린 것이다. 자동차에서 라디오 주파수를 맞추는 것도 공명 현상을 이용한 것이다. 남녀가 만나 한순간에 사랑에 빠지는 것을 두고, "주파수가 맞았다." 같은 표현을 쓰기도 하는

데, 내 생각에는 공명 현상에 대한 가장 문학적인 표현 같다. 이 현상이 일어나면, 쪼여 준 빛의 일부가 흩어지게 되어 세기가 감소한다. 이것을 기록하면 유용한 정보가 되는 것이다. 외부에서 쪼여 주는 빛은 그렇게 세지 않아도 되는데, 일반적으로 주파수가 전파 대역인 100메가헤르츠 정도이다. 엄밀히 말하면, 빛이 아니라 전파를 쪼여 주는 것이다.

NMR 분광법의 유용함은 미세하면서도 정확한 에너지(주파수) 차이에 기인한다. 수소 원자의 양성자는 결합에 따라 공명에 필요한 에너지가 모두 다르다. 예를 들면, 탄소와 결합한 H-C, 산소 및 질소와 결합한 H-O, H-N 등은 모두 다른 스펙트럼을 보여 주기 때문에, 각기 다른 주파수를 흘려 주어 흡수되는 지점을 표시하면, 분자 내에 수소와 결합해 있는 원자들이 어떤 것들이 있는지 파악할 수 있다. 여기에 더해, 수소 원자들은 양성자의 스핀이 만든 유도 자기장으로 인해 상호 작용을 일으킨다. 그 결과, 공명 주파수가 미세하게 흔들리는데, 이 변화들이 고유의 특성이 된다. 역시 우리의 지식 창고에 이런 특성을 관찰하고 기록해 놓으면, 어떤 분자를 구별해 내는 데 좋은 길잡이가 될 수 있다.

모든 원자가 공명을 하는 것은 아니다. 탄소의 원자핵은 회전하지 않아서 앞에서 설명한 공명 현상을 일으키지 않는데, 화학자들 입장에서는 오히려 이게 다행이다. 탄소는 거의 모든 분자에 다량 포함되어 있어서, 이것까지 공명하면 정확성이 떨어질지도 모른다. 그러나 탄소의 동위 원소, 즉 원자핵 속에 중성자가 하나 더 있는 탄소는 자기장 내에서 공명하는데, 이런 지식을 바탕으로 탄소의 위치와 구조를 알고 싶을 때, 화학자들은 기존의 탄소를 동위 원소로 바꿔 관찰하기도 한다.

분광 분석법 중에는 에너지를 흡수하거나 방출하는 방식으로 우리에게 정보를 주는 것 외에 다른 방법도 있다. 질량 분석법(mass spectroscopy)이라는 것인데, 강한 힘으로 큰 분자를 때려서 작은 분자 파편으로 만든 후 이 파편들의 질량을 측정해 원래의 분자를 유추하는 것이다. 좀 더 살펴보자. 전자를 총알로 사용하는 총이 있다고 상상해 보자. 이 총을 가지고 어떤 분자를 쏘면, 산산이 부서질 것이다. 지금까지 우리가 거쳐 온 과정을 참고해 기술하면, 분자 내에서 서로 결합을 이루고 있던 원자들이 전자의 자극 때문에 변형되고 끊어져서 이온과 같은 작은 물질로 나뉘는 것이다. 이때 전자기장을 설치해 두면 극성이 있는 이온들은 극성에 따라 움직일 것이다. 이온들 입장에서는 건물이 무너지면서 황급히 밖으로 나왔는데, 집 밖으로 나오자마자 느닷없이 달리기를 하게 된 셈이다. 결승점에 언제 어떻게 도달할지는 이온들의 질량과 전자기장의 세기에 따라 달라진다. 전자기장의 세기는 외부에서 조정할 수 있으니, 결승점에 초시계와 저울을 놓고 이온들의 도착 시각과 질량을 측정하면 유용한 정보를 얻을 수 있다. 수많은 이온의 기록을 측정해 보관하면, 역시 거대한 지식의 창고가 되고, 이를 통해 쪼개지기 전의 분자를 추론해 볼 수 있다.

분자는 3차원 공간에 존재하는 물질이다. 분자의 크기가 커지면, 공간 내에서 독특한 구조를 가지게 되는데, 분자의 구조는 그 자체로 중요한 기능성을 가지고 있다. 생물학에서 깊이 있게 다루는 탐구 주제이기도 한데, 효소 같은 큰 단백질 분자를 연구해야 하기 때문이다. 효소도 매우 중요한 분자이지만, 생물 체내에는 그 외에도 중요한 분자들이 많이 있다. 유전 정보를 전달하는 DNA, 뼈의 바탕을 이루는 단단한 단백질들, 뇌 속의 신경 전달 물질들 모두 대단히 중요하다. 이런 거대 분자들의 조절 작용으로 우리가 생명을 유지한다고 봐도 큰 무리가 없다.

이제, 덩치가 큰 분자의 구조를 파악하는 중요한 기술을 살펴볼 것이다. 대부분의 독자들은 이 방법에 대해 매우 익숙할 것이다. 병원에서 찍는 엑스선 촬영과 원리가 같은 엑스선 회절법(X-ray diffraction)이 그것이다. 이 방법은 결정(crystal)을 이루는 물질을 분석하는 데 아주 유용한데, 그래서 엑스선 결정학(X-ray crystallography)이라는 독립적인 학문 분과로 분류되기도 한다. 이 방법에 대해 좀 더 살펴보기 전에 몇 가지 역사적인 사실들을 가지고 이 방법이 얼마나 유용한 것인지 설명해 보겠다. 엑스선은 사실 조금 이상한 이름인데, 과학적으로는 자외선보다는 파장이 짧은 전자기파를 뜻한다. 빛과 같은 전자기파는 파장이 짧을수록 에너지가 크다고 했으니, 엑스선은 우리가 일상에서 차단하려고 부단히 애쓰는 자외선보다 더 높은 에너지를 가지고 있다. 병원에서 엑스선 검사를 꺼리는 환자들도 있는데,

합리적인 이유가 있는 것이기는 하지만, 1년에 몇 번 정도는 전혀 문제 될 것이 없다. 이 전자기파는 1895년에 빌헬름 뢴트겐에 의해 발견되었다. 이 발견은 처음부터 큰 주목을 받아서, 불과 몇 년 후인 1901년에 뢴트겐은 노벨 물리학상을 받는다. 이것이 첫 번째 노벨 물리학상이니 두고두고 이름이 남을 것이다.

엑스선과 노벨상의 인연은 이것만이 아니다. 영국 물리학자 윌리엄 헨리 브래그는 엑스선 간섭 현상에 대한 연구를 거듭해, 1915년에 그의 아들인 윌리엄 로런스 브래그와 함께 노벨상을 받았다. 엑스선을 이용한 결정 구조 분석에 기여한 공로를 평가한 것이었다. 1936년에는 피터 디바이(노벨 화학상), 이어서 1964년에는 도로시 호지킨이 엑스선과 관련된 연구로 노벨 화학상을 받았다. 엑스선 회절법에 대해 자세히 들여다보기도 전에, 독자들은 이미 이 방법이 매우 중요하다는 것을 실감할 것이다. 끝이 아니다. 20세기 초에 급격히 발전한 이 방법은 이후에 또 다른 큰 업적을 남기게 된다. 제임스 왓슨과 프랜시스 크릭은 DNA가 이중 나선(double-helix)의 구조로 되어 있음을 발견하고 1962년에 노벨 생리 · 의학상을 받았는데, 이 발견에는 모리스 윌킨스라는 엑스선 회절법 대가의 도움이 결정적이었다. 이 발견을 기점으로 우리는 생물의 유전과 질병 등에 대한 이해에서 큰 도약을 이루게 되었다.

이쯤 되면 이게 도대체 어떤 방법인지 독자들의 궁금증이 폭발하는 시점이 되지 않았을까 기대해 본다. 앞에서 본 것처럼 이 방법은 기본적으로 물리학에서 시작되었으나, 이후에 화학과 생물학 영역에서도 매우 중요하게 취급되고 있다. 학문 간의 벽을 허무는 역할도 담당하는 것이다. 그렇다면 분위기가 무르익었다고 보고 이 방법이 무엇인지 한 발 더 들어가 보자.

엑스선이 파장이 짧은 전자기파의 한 종류라는 것은 앞에서 이미 언급했다. 수학에서 X는 잘 모르는 변수, 즉 미지수를 뜻하는데, 이 전자기파도 처음에 발견했을 때에는 그 정체를 알 수 없어서 '엑스' 광선이라는 이름이 붙었다. 전자기파이기 때문에 다른 전자기파처럼 간섭과 중첩 현상이 일어난다. 엑스선이 지나가는 길목에 어떤 물체를 놓아두면, 그 부분에서 산란한다. 물체가 분자라고 한다면, 산란은 분자의 구조와 결합 방식에 영향을 받게 되고, 결과적으로 다양한 방식으로 간섭과 중첩이 일어난다. 이런 현상을 회절(diffraction)이라고 한다.

이런 이론적 지식을 바탕으로 정리하면, 외부에서 쪼여 주는 에너지, 즉 엑스선의 파장과 분자 내의 결합들 사이에 일어나는 상호작용이 간섭과 중첩이라는 현상으로 나타나는 것이다. 분자의 뒤편에 스크린을 설치하고 분자를 거쳐 나온 엑스선의 패턴을 기록하면 실험 장치 설치는 다 끝난 것이다. 이 장치에서 우리가 알고 있는 분자 시료들을 놓아 두고 스크린에 나타난 패턴을 측정하고 기록하면, 이 정보들 역시 중요한 지식 창고의 일부가 된다. 우리가 잘 모르는 분자가 있으면 이 장치에 두고 스크린 패턴을 측정한다. 이후에 측정 기록을 창고에 있는 지식과 비교해 보면, 이 분자가 어떤 구조를 가졌는지 유추할 수 있다. 지금은 이런 일련의 과정이 자동화되어서 컴퓨터로 제어되고, 빠르게 해석되고 있다. 측정하고자 하는 분자가 결정을 이루고 있다면, 더욱 정밀하게 측정할 수 있다. 결정들의 회절 패턴은 너무 뚜렷해서 분석이 상대적으로 쉽기 때문이다.

독자 중에는 이런 회절 실험에 꼭 엑스선만 써야 하나 같은 의문이 드는 사람도 있을 수 있다. 엑스선의 파장은 분자 내에 있는 원자들의 결합과 그 크기가 비슷해 상호 작용하기 쉽다. 꼭 엑스선일 필요는 없지만, 가장 이상적인 외부 자극인 것은 사실이다. 엑스선 회절법은 그 자체로 다양한 지식과 정보가 있는 흥미로운 분야이다. 우리는 이중에서 매우 간단한 부분만 선택해 들여다보았다. 이제부터 병원에서 엑스선을 촬영하게 되면, 잠깐이라도 이 원리에 대해 생각해 보고, 나름의 재미를 찾아보기 바란다.

엑스선을 통해 분자의 3차원적 구조에 대한 정보를 얻을 수 있다는 것을 알게 되었다. 이렇게 얻은 정보를 바탕으로 분자를 구성해 보면, 그 자체로 경이로운 아름다움을 드러낼 때가 있다. 특히, 분자가 고체 상태이면, 그 내부 구조가 정말 근사하다. 그러나 대부분의 화학 반응은 고체의 내부가 아닌 표면에서의 상호 작용을 통해 발생한다. 예나 지금이나 내적인 아름다움을 제대로 음미하기는 어려운 것 같다. 예를 들어, 촉매는 활성화 에너지를 낮추어 주는 반응 경로를 제공해서 반응의 효율을 높여 준다. 이 과정을 자세히 보면, 반응 물질은 촉매의 표면에 잠깐 붙었다가 떨어지면서 다른 반응 물질과 반응한다. 촉매의 표면에는 뭐가 있기에 이런 반응 메커니즘이 가능할까? 촉매는 화학 산업에서 핵심적인 요소이기 때문에 화학자들은 촉매를 속속들이 알고 싶어 한다. 표면을 포함해서 말이다.

표면이라고 하면, 어떤 물체의 겉모습을 의미하기 때문에 관찰하기 매우 쉽다. 속을 알기 어렵지, 겉은 눈으로 확인할 수 있기 때문이다. 그러나 고체의 표면은 오랜 기간 미지의 영역이었다. 분자 스케일의 영역은 직접 관찰하기에 너무 작기 때문이다. 이에 관한 기술이 개발된 것은 얼마 되지 않았다. 이 기술은 매우 세밀해서, 표면에 있는 원자와 분자들도 충분히 관찰할 수 있게 해 준다. 두 기술이 있는데, 이름들이 조금 어렵다. 이름부터 보고, 좀 더 자세히 살펴보자. **주사 터널링 현미경**(scanning tunnelling microscopy, STM)과 **원자 힘 현미경**(atomic force microscopy, AFM)이다. (두 기술 모두 IBM 취리히 연구소의 물리학자 게르트 비니히의 주도로 1980년대에 개발되었다. 비니히는 STM 발명의 공로로 1986년 노벨상을 받았다. ― 옮긴이)

주사 터널링 현미경, 즉 STM은 실제로 보면 이름만큼 복잡하지는 않다. 가장 눈에 띄는 부분은 작고 가는 바늘 부분인데, 이 바늘이 기기의 본체와 연결되어 있어서 본체에서 조정하는 것에 따라 연구 대상 시료의 표면 위를 스치듯 지나간다. 표면에 대한 정보는 이 바늘을 통해서 수집되고 연결된 컴퓨터에서 정보를 해석한다. 이 컴퓨터가 바늘의 움직임도 조정한다. 비유하자면, 눈을 감은 상태에서 바늘이라는 손을 통해 표면을 만지고, 그로부터 표면의 모양새를 유추하는 것이다. 이 실험 장비의 개요는 이 정도로 설명할 수 있지만, 측정 원리는 훨씬 복잡하고 심오하다. 최근에서야 개발된 이유가 있는 것이다.

앞에서 바늘을 손에 비유했지만, 사실 이 바늘은 표면에 닿지 않는다. 대신에 표면의 조금 위를 스치듯이 움직이는데, 표면에 돌출되어 있는 원자들과 상호 작용하기 위해서이다. 이 상호 작용을 터널링 효과(tunnelling effect)라고 하는데, 원자 수준의 일이기 때문에 자세히 알기 위해서는 다시 양자 역학을 소환해야 한다. 이 책을 계속 읽어 온 독자들은 잘 알겠지만, 우리의 여정에서 양자 역학이 몇 번 나오는데, 그때마다 핵심 지식만 소환해 써먹고 난해한 것들은 돌려보냈다. 여기서도 다르지 않다는 점을 이해해 주기 바란다. 이 효과를 터널링이라고 이름 붙인 것은 에너지 단차로 인해 경계를 넘어올 수 없는 입자들이 에너지 경계 밖으로 터널을 뚫은 것처럼 튀어나오는 현상을 비유적으로 표현한 것이다. 다시, 이 장치에 전압을 걸어 주면 바늘 끝에서 미세한 전류가 감지되는데, 터널링 효과로 인해 순간적으로 전류가 커진 것이다. 이 정보를 예민하게 수집하고 해석하면 원자 크기의 물질이 하는 미세한 진동 운동 등을 컴퓨터 화면을 통해 눈으로 볼 수 있게 된다. STM을 통해 본 고체의 표면은 큰 놀라움과 즐거움을 준다. 우리의 눈에 말끔한 표면도 마치 화성의 표면처럼 굴곡지고 거칠게 보이기 때문이다. 오랜 기간 존재는 알고 있었지만,

너무 작아서 보지 못했던 원자나 분자를 이미지로 볼 수 있다는 것만
으로도 매우 뜻깊은 일이다.

원자 힘 현미경, AFM은 겉으로 봐서는 STM과 크게 다르지 않
다. 다만, STM은 워낙 예민해서 외부 충격을 차단하기 위한 장치들
이 필요한데, AFM은 그 정도까지 예민하지는 않다. 이 장치도 미세
한 탐침을 가지고 표면을 스치듯 지나가며 정보를 수집하고, 이를 해
석해 컴퓨터 화면으로 이미지를 보여 준다. STM과 다른 점은 탐침
과 표면에 있는 원자나 분자의 상호 작용 방식이다. AFM은 터널링
전류를 탐지하는 것이 아니라 표면에 있는 원자나 분자의 판데르발
스 힘(van der Waals force)을 탐지한다. 이 힘은 독자들도 학창 시절에 들
어 봤을 것이다. 극성이 없는 분자 내에서도 전자는 끊임없이 운동하
고 있다. 이 전자의 운동으로 전자 구름의 모양이 변할 때가 있는데,
그렇게 되면 순간적으로 전자가 모여 있는 지역이 전기적으로 음성
을 띠고, 다른 지역이 상대적으로 양성을 띠게 된다. 독자들은 동그
란 풍선의 중앙을 누르면 아령 모양으로 변하게 되는 모습을 상상해
보기 바란다. 매우 순간적인 일이지만, 분자가 이렇게 변형되면(극이
나뉘었다고 해서 '쌍극자'가 되었다고 한다.), 바로 옆 분자의 전자 구름도
교란된다. 옆에 있다가 얼떨결에 교란된 분자를 유발 쌍극자(induced
dipole)라고 하는데, 쌍극자와 유발 쌍극자의 순간적인 인력을 판데
르발스 힘이라고 한다. 이 힘은 서로 끌어당기는 인력이어서 두 물질
사이의 거리에 따라 변하는데, 탐침에 적당한 분자를 코팅하고 표면

을 스치듯 지나가면 탐침을 잡아당기는 힘을 감지할 수 있다. 이 미세한 힘을 수집하고 해석하면 표면에 대한 정보를 얻을 수 있다.

지금까지 화학자들의 연구를 획기적으로 개선한 실험 장비들과 기술들을 살펴보았다. 이런 장비의 개발만으로도 많은 노벨상을 받은 것처럼 학문의 발전에 엄청난 기여를 했고, 지금도 끊임없이 개선 및 개발되고 있다. 그런데 이 실험 장비들보다 훨씬 더 큰 역할을 했음에도 조명받지 못하고 있는 기기가 있다. 지금부터는 이 장비에 관한 이야기를 잠깐 하려고 한다. 이 기기의 이름은 컴퓨터이다. 사실, 엑스선 회절법과 NMR 등의 장비들은 모두 컴퓨터와 연결되어 있다. 정보 수집의 원리만 다를 뿐 수집된 정보를 분류해 지식 창고에 있는 정보들과 대조하고, 부지런히 이미지를 만들어서 화면에 띄우는 일은 모두 컴퓨터가 담당한다. 이런 관점에서 보면 현대 화학은 컴퓨터의 도움이 없는 상황을 상상하기 어렵다. 따라서 현대 화학을 계산 화학(computational chemistry)이라고 해도 틀리지 않을 것이다.

기상 관측관이나 암호 해독자처럼 화학자들도 컴퓨터의 성능에 매우 민감하고 까다로운 편이다. 연구 활동이 컴퓨터에 그만큼 많이 의존하기 때문일 것이다. 최근에는 스마트폰이나 태블릿 PC 등도 같이 활용하지만, 아직도 컴퓨터의 영향력은 절대적이다. 어떤 연구 분야는 (전자의 분포를 계산하는 것과 같은) 까다롭고 복잡한 계산이 필요한데, 최근의 성능 좋은 컴퓨터는 이런 계산을 빠른 시간 안에 처리한다. 단지 계산만 하는 것이 아니고, 계산에 근거해 그래픽 이

미지를 만들고 분자의 움직임을 예측하기도 한다. 획기적인 발전이다. 이런 발전 덕분에 의약품에 쓰이는 분자의 경우 실제 임상 시험 전에 이들의 활동과 효능을 컴퓨터를 통해 미리 평가해 볼 수도 있게 되었다.

컴퓨터의 두 축, 즉 하드웨어와 소프트웨어가 동시에 급속히 발달하면서 화학 연구에 대한 기여도 급속히 늘어나고 있다. 단백질 분자는 아미노산(amino acid)이라는 그룹들이 죽 연결되어 크고 복잡한 구조를 가진다. 이 분자는 (판데르발스 힘과 같은) 내부의 인력과 외부의 자극에 따라 나선형으로 꼬이기도 하고 평탄하게 펴지기도 한다. 이렇게 모양이 달라지면 그 기능도 달라지는데, 컴퓨터를 통해 이 복잡한 계산들을 쉽게 할 수 있고 활동성을 예측해 볼 수도 있다. 현재까지는 자연에서 일어나는 일들을 모두 해석하고 있지는 못하지만, 조만간 가능할 것이다.

화학 반응에서 일어나는 작은 분자들의 이동, 활동성, 결합의 파괴와 새로운 결합 형성 등의 정보들도 컴퓨터를 통해 계산해 볼 수 있다. 아직 부족한 점이 많지만, 가까운 미래에 이런 부분들도 개선되어 컴퓨터를 통한 모의 실험을 하는 빈도가 높아질 것이다.

지금까지의 방법들이 반응의 결과와 현상을 분석하는 것에 초점이 맞춰져 있었는데, 이제 관심을 이런 관찰보다는 합성 쪽으로 옮기려고 한다. 화학자들의 입장에서 우리가 무엇을 만들어 내고 있는지 파악하는 것은 매우 중요한데, 여전히 안개에 싸인 지식이 많다.

전통적인 합성의 과정은 목표로 하는 물질을 염두에 두고 필요한 원료들을 배치해 단번에 만들어 내는 것이다. 그렇지만 실제로는 목표 분자 외에 수백 혹은 수천 가지의 분자들이 만들어지는데, 이런 상황을 조합적 화학(combinatorial chemisty)이라는 말로 표현하고 싶다. 이 관점에서는 목표 분자 외에 동시에 만들어진 여러 분자도 측정하고 분석해 지식의 창고에 보관해야 한다. 언젠가 중요한 지식의 바탕이 될 수 있기 때문이다.

　한 가지 상황을 그려 보면서 앞의 내용을 살펴보자. 아미노산은 단백질을 구성하는 기본 단위이다. 소수의 아미노산이 결합되어 펩타이드(peptide)를 형성하고, 다수가 되면 단백질을 만들게 된다. 의학적으로 유용한 분자를 합성하기 위해서는 아미노산을 조립(합성)해 나가야 하는데, 이 와중에 다양한 화합물을 얻을 수밖에 없다. 예를 들어, 지금 우리에게 A, B, C라는 세 가지 아미노산이 있다고 가정해 보자. 이 아미노산을 분리해 놓고, 아미노산 A가 들어 있는 용기에 A, B, C를 모두 넣어 준다. 그렇게 하면 AA, AB, AC라는 화합물을 얻게 된다. 다음 단계를 위해 이 용기를 셋으로 나누어 담는다. 화합물을 분리한 것은 아니어서, 나뉜 용기에는 같은 양의 AA, AB, AC가 모두 있을 것이다. 이 용액을 셋으로 나눈 이유는 다음 단계에서 각각의 용기에 하나의 아미노산만 첨가하기 위해서이다. 첫 번째 용기에 아미노산 A만 넣으면, AAA, ABA, ACA를 얻게 된다. 두 번째에 B를 넣으면, AAB, ABB, ACB를 얻고, 세 번째에 C를 넣으면,

AAC, ABC, ACC를 얻게 된다. 두 단계를 거치면서 종류가 다른 아홉 가지의 화합물을 합성했다. 같은 실험을 계속한다면? 컴퓨터의 도움 없이 손으로 모의 실험을 한다면 엄청나게 많은 종이가 필요할 것이다. 그런데 문제는 우리에게 스무 가지 넘는 아미노산이 있다는 것이다. 스무 가지로만 한정해도, 처음 4단계 동안 400, 8,000, 160,000, 5,200,000가지의 서로 다른 화합물들을 얻게 된다. 앞에서 조합적 화학이라고 했는데, 단백질 하나만 해도 엄청난 화합물의 조합이 필요하다는 것을 알게 된다.

앞과 같은 상황 때문에, 화학자들은 자신들이 합성해 낸 모든 물질의 정보를 정확하게 파악하기 힘들다. 혹여 그중에 '흙 속의 진주'처럼 아주 유용한 물질이 있더라도 충분한 관심을 받지 못할 수도 있다. 어떤 물질이 몸속에서 오작동을 일으키는 효소를 막아 낼 수 있다면, 매우 큰 가치를 가지게 될 것이다. 수없이 많은 화합물 중에서 이런 화합물을 분리해 내고 지식의 창고에 저장하는 일은 이제 컴퓨터와 로봇에 의해 진행된다. 그 덕분에 현재 화학자들은 대략 1000만 가지의 화합물들의 정보를 취합해 구분해 냈고, 이 숫자는 빠르게 증가하고 있다. 눈부신 발전이다.

6

화학이 이룬 것들

이 장에서는 지금까지 살펴본 화학의 주요 개념과 원리가 어떻게 우리의 생활에 기여하고 있는지 살펴보고자 한다. 현재 우리에게 매우 유용한 물질들인 의약품, 농약 및 비료, 교통 수단, 무기 등에 대한 화학의 기여를 훑어보게 될 것이다. 이를 통해 독자들은 화학이 어떻게 세상을 다채롭게 하고, 인류의 질병을 치료해 수명을 연장하게 하고, 삶에 기반이 되는 물질들을 만들어 내는지 이해하게 될 것이다.

　　화학이 없었다면, 우리는 석기 시대를 못 벗어났을 것이다. 현재 우리의 일상을 편안하고 윤택하게 하는 유용한 물질들은 모두 화학이 쌓아 올린 지식을 기반으로 해서 발전되었다. 호기심과 전통,

연금술이 혼재되어 있던 시대에는 과학이 아직 싹을 틔우지 못했고, 제대로 된 이론과 방법이 없어서 연구 활동은 매우 느리게 진행되었다. 연구 주제가 명확해지고 왕성한 호기심이 제대로 된 지식과 실험 기술 등을 만난 후에야 합리적인 연구가 가능해졌고, 놀라운 업적들이 발표되었다.

최대한 폭넓게 바라본다면, 화학자들은 물질에 대한 이해를 바탕으로 한 물질이 다른 물질로 변환되는 과정을 탐구하고 있다. 그들은 원유나 광석과 같은 천연 자원을 원료로 바꾸어 쓸 수 있음을 밝혀냈고, 화석 연료와 철과 같은 물질을 생산했다. 기체를 끌어모으는 법과 공기 중에서 질소를 분리해 비료로 만드는 법을 알아냈다. 그들은 또 섬유로 쓸 수 있는 새로운 물질들을 생산해 냈고, 첨단 기술에 필요한 핵심 원료들을 공급하는 데 성공했다. 모두 화학자들의 공헌이었다.

인류의 기원 이래 다음 네 가지 물질에 대한 중요성은 끊임없이 강조되어 왔다. 이 물질들을 가지고 화학이 이루어 온 일들을 살펴보면서 우리의 여정을 다시 시작해 보겠다. 이 네 가지 물질들은 흙, 공기, 불, 그리고 물이다.

물부터 살펴보자. 길게 설명할 필요 없이, 물은 생명 활동의 가장 기본이 되는 물질이다. 화학은 물을 정제하고 살균하는 방법을 개발해 삶의 질을 높였고 공동체의 생활을 가능하게 만들었다. 염소는 대규모의 도시를 기능할 수 있게 해 주는 핵심적인 물질이다. 염소를 이용해 물을 정제하지 못한다면, 질병이 창궐하고 수많은 죽음을 목격하게 될 것이다. 모여 사는 것이 오히려 위험할지도 모른다. 과거 기록에서 쉽게 찾아볼 수 있는 인류의 모습이다. 화학자들은 전기 분해 방법을 개발해 소금(NaCl) 용액으로부터 염소를 분리하는 방법을 개발했다. 반응성이 높은 염소는 세균을 공격해 건강에 위험을 줄 수 있는 요인들을 제거하는 역할을 한다.

지구에는 많은 물이 있는데, 대부분 마실 수 없다. 바닷물과 지층에 있는 오염된 물에서 식수를 얻는 것은 매우 어려운 싸움이었고, 화학자들은 이 싸움에 선두에 있었다. 그들은 역삼투압(reverse osmosis)이라는 방법을 개발해 더러운 물을 걸러내고 깨끗한 물을 얻을 수 있게 했다. 역삼투압 방법은 매우 높은 압력으로 물을 걸러내는데, 이런 환경에서도 잘 작동하는 여과막을 개발한 것도 화학자들이다. 이런 장치가 가능하게 된 것은 물을 분석하고, 정보를 종합하고, 걸러낼 물질이 무엇인지 파악하는 분석 기술들이 있었기 때문이다. 모두 화학자들이 개발한 기술이다.

그다음 흙을 보자. 흙은 모든 식량의 원천이다. 전 세계 인구는 계속 증가하는 데 비해 경작지는 줄어들고 있다. 이런 상황에서 농업 생산력을 증가시키는 것은 인류의 생존에 직접적인 영향을 미친다. 농업 생산성을 향상시키기 위해 개발된 유전 공학(genetic engineering)이 있지만, 최근에는 유전 공학적 산물의 화학적, 생물학적 안정성에 대한 우려가 커지는 것도 사실이다. 인류가 오랫동안 사용해 왔던 방법은 비료를 이용하는 것이다. 비료는 질소와 인이 주성분인데, 이 사실을 발견하고 합성법을 개발한 것은 화학자들의 공이다.

질소는 공기 중에 70퍼센트가 넘는 비율로 존재한다. 도저히 부족할 수 없는 물질인 것이다. 그러나 기체 상태의 질소(N_2) 분자는 쓰임새가 거의 없다. 질소를 다른 형태로 전환해야 하는데, 질소 분자는 단단한 삼중 결합으로 묶여 있어서 떼어 내기가 정말 어렵다. 질소가 안정된 상태로 공기 중에 그렇게 많이 있는 이유이기도 하다. 질소의 반응성을 높이고 다른 물질과 반응시키기 위해 포집하려면, 번갯불이나 콩과 식물에서 얻은 세균 등으로 자극해야 한다. 어느 것이나 쉬운 일이 아니다.

이런 배경에서 20세기 초반에 공기로부터 질소를 포집해 비료로 전환하는 방법이 개발되었다. 아마도 화학의 역사에서 가장 의미 있는 업적 중 하나일 것이다. 효용성이 너무나 컸고 비료에 대한 열망 또한 오랜 기간 누적되어 왔었기 때문에 이 발견은 폭발적으로 확대되었다. 앞에서 잠깐 소개했는데, 이 발견의 주인공은 하버와 보슈이다. 이들이 발견해 낸 화학적 지식과 적절한 촉매의 도움으로 질소와 수소를 기체 상태에서 반응시켜 암모니아(NH_3)로 변환했다. 이 공정은 그 전에는 시도해 본 적도 없는 수준의 높은 온도와 압력이 필요했는데, 공장에서 이를 통제하는 지식도 같이 축적될 수 있었다. 지금까지도 여전히 사용하는 방법이다. 이 방법 외에도 콩과 식물(콩, 완두콩, 알파파 등)의 뿌리혹을 억제하는 세균을 대량으로 배양

해 질소의 반응성을 높이면 큰 도움이 된다. 이 방법은 고온과 고압 환경이 필요 없어서 그 나름의 효용성을 가진다. 이를 위해 화학자들은 적절한 효소를 개발하는 등 수십 년 동안 노력을 기울이고 있는데, 아직 공장에 적용할 만한 성과는 발표되지 않았다.

질소만큼은 아니지만, 인도 매우 풍부한 원소이다. 인은 화석 연료처럼 선사 시대에 살았던 동물들로부터 얻을 수 있다. 이들의 뼈에는 인산칼슘(calcium phosphate)이 많은데, 중요한 인 공급원이다. 또한 동물들의 몸에는 생명력의 원천이 되는 아데노신삼인산 (adenosine triphosphate, $C_{10}H_{16}N_5O_{13}P_3$), 즉 ATP가 남아 있는데, 오랜 기간 바다 밑의 환경에서 높은 압력에 눌려 돌처럼 딱딱하게 굳어 있다. 화학자들은 이런 동물들의 사체에서 생명을 살리는 물질을 발굴한다. 지속 가능성(sustainability)의 한 사례가 될 것이다.

물과 공기, 그리고 흙으로부터 재배되는 식량이 더 유용한 자원이 되기 위해서는 에너지가 필요하다. 우리는 그 에너지의 대부분을 불로부터 얻는데, 이것이 네 번째 물질이다. 현대 문명은 원활한 작동을 위해 엄청난 양의 에너지를 필요로 한다. 그리고 에너지의 효율을 높이고 새로운 에너지원을 개발하는 일들도 화학자들이 담당하고 있다.

화석 연료는 대단히 편리한 에너지원이다. 배송하기 쉽고, 비교적 안전해서 급할 때에는 비행기로 실어나르기도 한다. 땅속에서 채굴한 천연 자원은 온갖 물질들이 섞여 있는 잡탕이다. 이 자원들을 분리해 내고, 촉매를 통해 새로운 물질로 바꾸고, 더 효율적으로 태울 수 있게 형태를 바꾸는 기술들 또한 화학자들이 이룬 성과를 바탕으로 하고 있다. 그러나 땅 밑에 있는 자연의 선물을 무분별하게 태우는 것은 미래 세대의 관점에서는 매우 부적절한 행위처럼 보일 것이다. 이로 인한 환경 파괴로 지구 온난화, 기후 변화, 그리고 대량 멸종 현상이 관찰되고 있다. 무엇보다 천연 자원은 그 양이 한정적일 수밖에 없다. 비록 새로운 자원이 계속 개발되고 있지만, 지구라는 한정된 공간에서 자원을 무한정 뽑아 쓸 수는 없는 법이다. 지속 가능하지 않기 때문에 새로운 대안을 마련해야 한다.

그렇다면 화학자들이 새로운 에너지원으로 생각하고 있는 것은 무엇일까? 이는 쉬운 문제이다. 정답인 태양이 우리 머리 위에 떠 있기 때문이다. 멀리 떨어져 있으면서도 맹렬히 타오르는 이 핵융합 난로는 현재까지 가장 확실한 대체 에너지원이다. 지구의 자연은 광합성에 태양 에너지를 사용하는데, 인간 사회에서도 비슷한 기술을 빨리 개발해야 한다. 화학자들은 이미 태양 전지를 개발해 태양 에너지를 전기 에너지로 바꿔 사용할 수 있는 환경을 만들었다. 그렇지만 효율을 높여야 한다는 과제는 여전히 남아 있다. 자연은 그 자체로 40억 년의 실험 경험을 가지고 있는 화학자라고 할 수 있다. 이미 엽록소를 기반으로 한 훌륭한 태양광 활용 모델(광합성)을 수립해 놓고, 인간의 도전을 기다리고 있다. 화학자들은 자연을 본받는 동시에 산업의 요구 수준에 맞춰 계속 효율을 향상시키고 있다. 또 하나의 방법은 햇빛을 이용해 물을 산소와 수소로 분해하는 것이다. 산소는 공기 중에 충분히 많기 때문에 유용성이 떨어지지만, 수소는 매우 유용하게 사용할 수 있다.

현재 대부분의 내연 기관은 화석 연료인 탄화수소를 태웠을 때 나오는 열을 이용하고 있는데, 수소를 이용하면 이보다 훨씬 효율적이고 환경 오염이 적은 에너지를 만들어 낼 수 있다. 역시 화학자들이 발견한 것이다. 이 분야를 전기 화학(electrochemistry)이라고 하는데, 화학 반응을 이용해 생산된 전기를 다루는 분과이다. 이미 수소 전기차가 상용화되었고, 다른 휴대 기기에 확대 적용될 가능성이 높다. 수소나 탄화수소를 반응시켜 전기 에너지를 발생시키는 장치를 **연료 전지**(fuel cell)라고 한다. 화학자들은 다양한 응용 범위에 맞는 연료 전지 개발에 앞장서고 있고, 관련 기술자들과 팀을 이루어 협업하고 있다. 연료 전지를 통해 얻은 전기 에너지로 노트북을 작동시킬 수 있고, 한 가정과 마을 전체의 에너지 사용을 책임질 수도 있다. 조금만 더 살펴보면, 외부에서 주입된 수소와 산화제를 전기 화학적으로 반응시켜 전자를 추출해 낸다. 이 전자들은 미리 연결해 놓은 회로를 따라 이동하면서 전류를 발생시키고, 이 전류를 이용하면 원하는 기기를 작동시킬 수 있다. 이 반응은 촉매층 안에 있는 촉매에 의해 이루어지므로, 촉매 표면의 속성과 둘러싸고 있는 매질이 매우 중요한 요소가 된다. 복잡한 것 같지만, 우리가 앞장에서 보았던 여러 지식이 모여 있는 것이다. 실제로 우리가 살펴본 지식은 범위가 작지 않아서, 주변에서 일어나는 여러 화학 작용들을 충분히 음미해 볼 수 있다.

논란이 많은 핵발전(핵분열과 핵융합을 이용한 발전 기술)도 화학자들의 지식과 기술에 의지하는 바가 크다. 안전한 핵 반응로를 건설하는 데는 여러 신소재가 필요한데, 화학자들이 계속해서 노력하고 있는 분야이다. 또한 원료가 되는 우라늄(U, 원자 번호 92)을 광석에서 분리해 낸 것도 화학자들의 몫이었다. 정치적이고 경제적인 문제점들을 제외해도, 많은 사람이 핵발전의 위험성에 대한 공포심을 가지고 있다. 게다가 사용 후 핵연료를 처리하는 것도 점점 더 큰 문제가 되고 있다. 이 분야에서도 화학자들은 핵폐기물에서 유용한 동위 원소를 추출하고, 수 세기 동안 환경에 영향을 미치지 않게 하는 방법을 개발하는 등 연구를 계속하고 있다.

원유는 다양한 유기물들의 혼합물인데, 땅속에서 높은 온도와 압력 조건 속에서 수천 년이 넘는 시간이 지나야 만들어진다. 이렇게 귀중한 자원을 무분별하게 사용하고 자동차나 다른 교통 수단의 내연 기관에서 태워 버리는 것은 비효율적인 일일 수도 있다. 태워 버리지 않고, 적절한 반응을 이용해 유용한 물질로 바꿀 수 있는데, 이런 문제를 연구하는 화학 분야를 석유 화학(petrochemical Industry)이라고 한다.

독자들 주위에 있는 물건 중에 얼마나 많은 것들이 천연 재료로 만들어졌는지 한번 찾아보기 바란다. 그렇게 많지 않을 것이다. 그렇다면 독자들도 많은 공산품으로 둘러싸여 있다는 뜻일 것이다. 우리 주변을 꽉 채우고 있는 각종 공산품의 재료는 검고 찐득찐득한 원유를 정제하고 반응시켜서 만들어 낸 것들이 대부분이다. 화학자들의 노력이 곳곳에 스며 있는 것이다.

　이 재료 중에서 가장 비중이 높은 것은 플라스틱일 것이다. 불과 100년 전만 해도, 세상은 천연 재료로만 이루어져 있었다. 돌과 나무, 양털과 면, 금속과 세라믹(ceramic, 유리와 도기와 자기류) 등이 우리가 사용할 수 있는 재료였다. 지금은 앞에서 본 것처럼 석유 화학으로 합성한 재료들이 주를 이루고 있다. 100년 사이에 일어난 가장 큰 변화 중 하나일 것이다. 면과 양털, 비단 정도를 제외하면 거의 모든 섬유는 석유 화학 공정의 산물인 합성 제품이다. 섬유의 응용 범위는 넓어서 옷뿐만 아니라, 가방, 신발 등에도 사용된다. 텔레비전, 전화, 노트북, 스마트폰 등 각종 전자 기기들도 껍데기는 합성 제품들로 구성되어 있다. 교통 수단들도 마찬가지이다. 일상 생활에서 보고 만지는 모든 것들이 100년 전과는 완전히 달라져 있는 것이다. 이런 거대한 전환은 화학자들의 노력과 개발에 많은 부분을 빚지고 있다. 그들은 땅속에서 캐낸 재료들을 정제하고 잘라낸 다음 다시 생활에 필요한 재료로 합성한다. 고분자 중합이 그 예이다. 중합을 거쳐 에틸렌($CH_2 = CHX$, $X = H$, R)이 폴리에틸렌이 되었고, 검은 비닐 봉투에서부터 제2차 세계 대전에서 중요한 역할을 한 레이더의 전선 피복제로 사용되었다. 에틸렌의 X를 염소로 바꾸면 PVC가 되는데, 건설

현장에서 나무와 금속을 대체했다. 지금도 여러 분야에서 계속 사용되고 있다.

집 근처 가게에서 받아오는 검은색 비닐 봉투의 편리함은 환경 오염에 대한 심각한 경고에도 불구하고 우리의 습관을 선뜻 바꾸게 하지는 못 하는 것 같다. 관련 내용은 조금 후에 보기로 하고, 이 외에도 화학자들에 의해 개발된 합성 제품의 효용성과 편리함은 우리 생활 곳곳에 스며들어 있다. 나일론과 폴리에스터 섬유가 없는 옷과 장식품들을 생각해 보라. 음료수와 음식이 오직 두꺼운 금속 용기에만 담겨 있는 모습도 생각해 보자. 우리가 일상에서 매일 만지는 작은 제품들, 예를 들면, 전기 스위치, 플러그, 장난감, 칼의 손잡이, 키보드 등이 없는 세상을 생각해 보자. 잘 떠오르지 않을 것이다. 100년 전까지 없던 물질들인데, 그때까지 사람들이 이런 물건 없이 어떻게 살았을지 의구심이 들기도 할 것이다. 독자 중에서는 특별히 천연 재료를 아끼는 애호가가 있을 수도 있다. 그런 분들조차도 화학자에게 감사해야 할 일이 있다. 모든 천연 재료는 시간이 지나면 썩거나 부식된다. 이런 부식을 막거나 지연시키는 부식 억제 재료들도 화학자들이 개발했다.

플라스틱은 지난 100년 동안 계속되어 왔던 재료 혁명의 일부일 뿐이다. 화학자들은 플라스틱 외에 세라믹도 계속 개량하고 있는데, 이 재료는 교통 수단의 금속 재료들을 대체하고 있다. 이를 통해 더 가볍고 효율이 높은, 그래서 결과적으로 환경 오염이 적은 교통 수단이 가능해지고 있다. 이런 질문이 있을 수 있다. 세라믹은 오래전 유물에서도 발견할 수 있는 전통적인 재료 아닌가? 올바른 지적이지만, 최근의 기술은 재료의 특성을 획기적으로 발전시키고 있다. 고순도로 정제된 점토와 여러 물질을 혼합해 대단히 우수한 물성의 재료를 개발하고 있다. 초전도체와 같은 물질들이 그런 예일 것이다. 이 초전도체는 '마녀의 지팡이'까지는 아니어도 자기 부상을 가능하게 해서, 초고속 열차 개발에 이미 적용되고 있다. 예전에는 이 물질이 너무 낮은 온도에서만 초전도성을 가져 경제성이 없었는데, 최근에는 많이 개선되었다.

유리도 세라믹에 포함된다. 최근의 인터넷 환경은 엄청난 양의 데이터가 이동하기 때문에, 다양한 기술 개발이 요구된다. 데이터를 전달하는 전선도 같은 형편이고. 이를 위해 기존 구리 전선을 대체하는 광섬유가 개발되었다. 인터넷 환경을 '광통신'이라고 부르기도 하는데, 광섬유가 쓰인다는 뜻이다. 광섬유는 굴절률을 맞추기 위해 유리를 가공해 만든다. 유리는 기본적으로 실리카(silicon dioxide, SiO_2)라는 물질인데, 모래 속에 주로 함유되어 있다. 따라서 모래를 정제하고 녹인 후 다시 식히면, 순도 높은 실리카를 얻을 수 있다. 화학자들은 수백 년 동안 유리의 기본 조합을 알아내고 이용하기 위해 고생했는데, 이런 연구를 바탕으로 다채로운 색깔의 스테인드 글라스(stained glass)를 개발했다. 불순물의 종류와 농도를 조절함으로써 다양한 색깔을 만들어 낼 수 있는 조합을 알아낸 것이다. 처음에는 유리 세공업자들의 경험이 큰 자산이 되었겠지만, 점차 지식과 경험이 쌓이고, 화학 지식 창고가 채워지면서 정교한 가공이 가능해졌다. 이때 취득한 지식을 바탕으로 광섬유에 대한 아이디어가 나왔다. 이렇게 일단 창고가 채워지면 유용성이 급격하게 증가한다.

화학자들의 공헌이 없었다면, 우리 세계는 흑백 텔레비전 속의 모습과 같을 것이다. 과거로 돌아가면, 근사한 색깔들은 오직 부자들만의 것이었다. 색깔을 내는 물질들이 매우 비쌌기 때문인데, '황제의 보라색'이라고 불렸던 티리안 퍼플(tyrian purple)은 고둥이라는 바다달팽이의 분비액에서 채취한다. 고둥 1만 2000마리의 분비액을 모으면 1그램 조금 넘게 얻을 수 있는데, 이 양으로는 어깨에 두르는 망토나 보석 걸이의 한 자락 정도만 염색할 수 있었다. 황제나 귀족들이 직접 채취하지는 않았을 테니, 이를 채취한 사람들의 노력이 눈물겹기도 하다. 무엇보다 고둥들의 고난은 쉽게 말로 표현 못 할 것 같다. 이렇게 좋아하는 색깔을 얻기 위해 엄청난 노력과 희생까지 해야만 했던 시대가 있었다. 아주 오래전 일도 아니다. 이런 상황은 결정적인 반전을 맞이하는데, 주인공은 윌리엄 퍼킨이라는 화학자이다. 퍼킨은 퀴닌(quinine, $C_{20}H_{24}N_2O_2$)이라는 물질을 합성하기 위해 끈질긴 노력을 하고 있었는데, 이 분자가 있으면 황제의 군대와 관료를 말라리아로부터 보호할 수 있을 것이란 기대가 있었기 때문이다. 퍼킨의 시대에는 아직 지식 창고가 가득 채워져 있지 않아서, 그는 별다른 지식도 없이 계속 합성 실험을 반복해야만 했다. 연금술

6장 화학이 이룬 것들

의 전통을 따른 것인데, 연금술과는 다르게 퍼킨의 노력은 무의미하게 끝나지 않았다. 실험 중에 퍼킨은 모브(mauveine)라는 보라색 염료를 합성해 냈는데, 말 그대로 소 뒷걸음치다 쥐 잡은 격이었다. 이 합성은 산업적으로 큰 변화를 불러일으키는데, 순식간에 퍼져 영국의 화학 산업의 기초가 되었다. 퍼킨 개인도 큰 부자가 되었고, 이 염료 덕분에 영국의 산업도 융성하게 되었다. 결과적으로 퍼킨은 말라리아로부터 군인들을 구한 것이 아니라, 황제로부터 고등을 구한 셈이다. 이후에 화학자들은 수많은 염료를 인공적으로 합성해 우리 생활에 무지개색을 입혀 주었다. 다양한 색깔에 더해 이제는 형광 물질들도 섬유에 첨가된다. 밤에 보면 반딧불처럼 반짝거리고, 빨래를 해도 오래 유지된다.

화학 반응으로 합성된 색깔들은 패션에만 유용한 것은 아니다. 안료들도 많이 개발되었는데, 안료들은 다른 물질에 착색되기도 하고, 페인트나 물감에 포함되어 다른 물체에 색을 입혀 준다. 집에서 직접 페인트칠을 해 본 독자들은 알 텐데, 현재 시판되는 페인트들은 흐름성이나 내구성, 색깔의 다양성 등이 매우 우수해 어렵지 않게 칠할 수 있다.

텔레비전이나 컴퓨터 화면의 색깔도 화학자들이 개발한 고체를 이용한 것이다. 이 때문에 덩치만 큰 브라운관 텔레비전은 가전 시장에서 완전히 사라졌다. 지금은 액정(liquid crystal)과 플라스마(plasma), 그리고 OLED(organic light-emitting diode, 유기 발광 다이오드)

가 화면의 주요 원료들이다. 이중에서 액정과 OLED는 화학자들이 합성한 물질이다. 합성된 물질들을 잘 정렬하고 전기장을 걸어 주면 전기적으로 반응해서 깨끗한 화면을 보여 준다. 매우 얇고 가벼워서 들고 다니기에 아무런 부담이 없다.

반도체는 현대의 정보 통신과 컴퓨터 산업의 가장 핵심적인 부품 중 하나이다. 반도체 개발도 화학자들이 해낸 일이다. 넓게 보면, 반도체뿐만 아니라, 눈부시게 발전하는 디지털 기술들은 재료에 대해 점점 까다로운 요구를 하고 있는데, 화학자들이 적극적으로 참여해 디지털 기술의 실용화에 큰 기여를 하고 있다. 앞에서 언급한 광섬유가 광대역 네트워크 환경을 가능하게 해 줬다면, 반도체는 컴퓨터의 성능 향상에 큰 역할을 했다. 정보 통신(IT) 산업과 화학의 밀접한 관계를 알 수 있다. 또한 컴퓨터 모니터의 발전도 화학의 재료 개발과 직접적인 연관이 있어서, 디지털 세계에서도 화학은 할 일이 매우 많다.

이에 더해, 화학자들은 분자 컴퓨터의 개발에 열을 올리고 있다. 분자 컴퓨터라는 개념은 형태가 일정하게 변하는 분자를 사용해 전자 소자를 만든다는 것이다. 반도체는 다이오드의 집적도가 발전의 핵심인데, 분자 소자가 성공적으로 개발된다면, 다이오드의 크기가 획기적으로 줄어들게 되고 집적도는 매우 높아질 것이다. 열적 속성도 안정적이어서, 컴퓨터 산업에 큰 전기가 될 것으로 전망된다. 다른 한편에서는 양자 컴퓨터(quntum computer)의 개발에 대한 기대가 큰데, 여기에 필요한 재료도 화학자들이 주도적으로 개발하고 있다. 성공한다면 새로운 산업 혁명을 일으킬 수도 있을 것이다.

화학의 업적을 둘러 보기 위해 여러 곳을 숨 가쁘게 지나왔다. 이미 독자들은 산업 발전에 화학이 얼마나 큰 공헌을 했는지 잘 이해했을 텐데, 아직도 방문해야 할 곳이 많다. 다음 방문지는 삶의 질과 밀접하게 관련 있는 보건 의료 분야이다. 이 분야의 발전을 거론할 때 가장 먼저 언급해야 하는 것은 의약품의 발전이다. 역시 화학의 업적이고, 충분히 자랑스러워할 만한 일이다. 화학자들이 개발해낸 것들 중에서도 환자들에게 가장 환영받은 것은 마취제일 것이다. 결과적으로 통증을 다스릴 수 있게 되었기 때문이다. 몸 일부가 괴사하면 절단해야 하는데, 불과 200년 전만 해도 환자는 이 과정을 독한 술과 강한 어금니로 버텨야 했다. 다음으로 중요한 의약품을 고르라면, 항생제일 것이다. 100년 전을 보면, 세균에 감염되었다는 것은 목숨을 잃을 수도 있는 위험한 상황에 빠졌다는 뜻이었다. 그러나 페니실린(penicillin)이 개발되고, 이후 여러 항생제의 개발이 이어지면서 이제는 충분히 치료가 가능한 일이 되었다. 그러나 세균은 끊임없이 진화하고 있어서, 화학자들을 한시도 가만히 놔두지 않는다.

몇몇 제약 회사들은 엄청난 수익과 무분별한 약품 개발에 대해 많은 비난을 받고 있다. 그러나 이런 비난은 때때로 도가 지나친 경우가 있다. 질병을 극복하는 약을 개발하는 것은 인류 복지에 큰 기여를 하는 일이고, 이 회사들의 노력이 있기에 가능한 일이다. 정확히 말하면, 제약 회사에 있는 화학자들이 있기에 가능한 일이다. 신약 개발은 시간과 비용의 싸움이다. 컴퓨터의 도움으로 새로운 분자들을 설계하고 속성을 파악하는 일이 그 전보다 훨씬 신속하게 이루어지고 있지만, 동물 실험과 임상 시험을 거치다 보면 많은 시간과 돈이 소요된다. 몇 년 동안 집중 투자한 개발이 마지막 과정에서 폐기되는 일도 드물지 않다. 아쉬운 일이지만, 화학자들은 상황을 개선하기 위해 계속 노력하고 있다.이런 점을 참고한다면, 제약 회사들의 경영 행위들도 이해할 수 있는 부분이 적지 않다.

화학자들이 질병이 야기하는 피해를 감소시킬 수 있었던 것은 분자에 대한 지식 축적이 있었기 때문이다. 1953년 DNA의 구조가 처음 밝혀진 후 화학과 생물학의 경계는 거의 허물어졌다고 봐야 한다. 분자 생물학의 등장은 이런 상황을 단적으로 보여 주는데, 생명체의 기능을 파악하기 위해서는 화학과 생물학의 협업이 필수적이다. 생명과 생명 활동의 핵심적인 특징, 유전 등을 원자나 분자의 수준에서 이해하는 것이 중요할 뿐, 화학자나 분자 생물학자 등의 명칭에 연연할 필요는 없다. 생명 활동에 대한 지식의 창고가 가득 차면서, 이는 범죄를 분석하는 법의학이나, 옛사람들의 흔적을 분석하는 고고학이나 인류학의 연구에도 많은 도움을 주었다.

화학자들의 관심이 생명 활동으로 이동하는 것은 기존의 화학 분야들이 성숙해지는 것과 맥을 같이한다. 많은 발전이 있다고는 하지만, 여전히 퇴치해야 할 질병이 많이 있고, 예방 관련 분야도 아직

할 일이 많이 남아 있다. 이런 점들이 화학자들에게 많은 동기를 부여하는 것으로 보인다. 독자 중에 학생이 있어서 후에 이 분야를 전공하고 싶을지도 모르겠다. 그렇다면 매우 탁월한 선택이 될 것이다. 그리고 그때쯤이면, 유전자에 대한 학문인 유전체학(genomics)이나 단백질체학(proteomics)이 매우 중요한 분야가 되어 있을 것이다. 이 분야의 예비 학자들에게 질병을 분석하고 퇴치하기 위해 일생을 바친 선배 학자들의 공헌을 잘 새겨야 한다는 조언을 하고 싶다.

지금까지 화학이 이룬 것들을 살펴보았다. 독자들도 화학이 우리의 일상 생활을 얼마나 많이 바꾸었는지 이해해 주었으면 좋겠다. 이제는 밝은 면의 뒤편에 반드시 존재하는 어두운 면을 보고자 한다. 화학의 발전으로 인해 우리의 지식 창고가 급격하게 불어난 것은 분명한 사실이다. 이 창고를 유익하게 활용하면, 인류의 복지와 기술의 발전에 큰 기여를 할 수 있다. 그러나 이 지식은 인간의 능력을 다른 방향으로도 확대할 수 있다. 대량 살상 무기를 개발할 수도 있고, 무분별한 사용으로 환경에 심각한 영향을 미칠 수도 있다.

우선, 무기의 성능이 개선되어 살상 능력이 확대된 점에 대해 살펴보자. 이 부분을 이야기하면서 독일의 유능한 화학자 하버를 언급하지 않고 지나치기 어렵다. 하버-보슈법을 개발해 비료의 원료인 암모니아를 공업적으로 생산할 수 있게 만든 주인공이다. 앞에서 이 기술 개발의 역사적 의미를 자세히 언급했는데, 아쉽게도 하버의 역할은 여기서 그치지 않는다. 하버는 기이한 애국심의 소유자였는데,

그는 당시 미치광이 정치가들과 합심해 사람들을 대량으로 살상할 수 있는 독가스를 개발하는 데 앞장섰다. 그의 천재성과 업적을 생각하면, 대단히 아쉬운 점인데, 이로 인해 그의 명성도 돌이킬 수 없을 만큼 흠집이 났다. 모든 비난을 화학자에게 돌리는 것은 바람직하지 않은 점도 있다. 더 큰 비난은 당연히 개발을 결정하고 과학자에게 명령한 정부와 정치인들이 받아야 할 것이다. 어쨌든 하버의 연구를 바탕으로 다양한 화학 무기가 개발되었다. 화학 무기의 지식 창고도 채워지게 된 것인데, 이후 인류를 끊임없이 괴롭히는 역할을 하고 있다. 우리가 이런 무기의 개발에 참여한 화학자들에 대한 비난을 중단할 수 없는 이유이다. 수많은 시행착오를 겪고 난 지금, 전 세계 98퍼센트 이상의 국가가 화학 무기의 사용 금지에 찬성하고 있다. 나머지 소수 국가들도 곧 따라올 것으로 기대한다.*

화학 가스의 참상은 전쟁이 아닌 상황에서도 발생할 수 있다. 1984년 인도의 보팔 지역으로 가 보자. 이 지역에는 다국적 화학 대기업인 유니언 카바이드(Union Carbide)의 공장이 있었다. 이 공장에서 벌어진 가스 누출로 인해 공식 기록으로 4,000명 가까운 사람들이 목숨을 잃었다. 이 숫자는 2주가 지나면서 8,000명으로 확대되었

---

* 이에 동의하고 참여하고 있는 국가들의 현황은 네덜란드에 있는 '화학 무기 사용 금지 기구(The Organization for the Prohibition of Chemical Weapons, OPCW)'의 홈페이지를 참조하기 바란다.

고, 부상을 입은 사람은 거의 50만 명이 넘었다. 화학 무기를 사용한 전쟁은 원래의 목적을 달성한 적이 거의 없는 데 비해 이 사고는 매우 끔찍한 결과를 불러일으켰다. 이후에 분석해 보니, 직접적인 원인은 메틸이소사이아네이트(methyl isocyanate, CH_3NCO)라는 물질이었다. 이 화학 물질은 살충제를 만드는 원료가 되는데, 이 물질이 들어 있는 탱크에 물이 스며들면서 가스가 새어 나온 것이다. 당시에 살충제의 수요는 매우 폭발적으로 증가하고 있었는데, 이 때문에 원료가 되는 물질들을 평소보다 많이 보관하고 있었다. 피해가 커질 수밖에 없는 상황이었던 것이다. 이 물질은 물에 예민하게 반응하기 때문에, 물을 철저하게 차단했어야 하는데, 어떻게 된 일일까? 회사는 불만을 가진 직원들을 의심했지만, 다른 사람들은 안전 장치에 문제가 있었다고 지적했다. 결과적으로 30톤의 유독 가스가 공기 중으로 퍼져 나갔고, 공장 주변에 살던 주민들에게 돌이킬 수 없는 피해를 입혔다.

화학 공장은 이렇게 위험성을 내포하고 있다. 심지어 위험이 이익을 훨씬 능가할 수도 있다. 물론, 이런 대재앙은 잘 일어나지 않는다. 그러나 한 번 일어났을 때 최대한 많은 교훈을 얻어야 할 것이다. 실제로 이런 사고를 통해 화학 공장의 운영과 설계 등과 관련해 다양한 지식을 쌓을 수 있었다.

또 다른 어두운 면이 있다면, 폭약의 개발과 생산, 그리고 획기적인 능력 확대일 것이다. 물론, 폭약은 산업적으로 매우 유용하게 쓰일 수 있다. 실제로 채석장이나 광산에서는 지금도 많이 쓰인다. 여기서 어두운 면이라고 한 것은 폭탄의 사용과 발사체의 개선에 관한 부분이다. 화약은 어떤 반응을 매우 빠르게 일으키면서 대량의 에너지를 분출하게 하는 화합물이다. 이렇게 발생된 에너지는 기체 형태로 분출되는데, 갑작스럽게 분출되면서 물리적인 충격을 준다.

초창기 폭약인 화약은 황, 숯, 그리고 질산포타슘(potassium nitrate, KNO_3)의 혼합물이었다. 황은 산화제의 일종으로 낮은 온도에서도 발화하며 폭발을 증가시킨다. 숯은 연소 반응이 일어날 수 있도록 탄소를 공급하고, 질산포타슘은 반응에 필요한 산소를 공급한다. 화약의 성능은 이런 성분들이 촘촘하고 골고루 뒤섞이는 정도에 크게 의존한다. 반응을 조금 자세하게 보면, 산화제에 있던 전자들이 탄소로 이동하면서 탄소의 결합을 끊어낸다. 이렇게 되면 다량의 작은 분자들이 만들어지면서 기체 상태로 변하게 되어 내부 압력이 갑자기 증가한다. 이런 높은 압력이 용기 밖으로 분출되면서 주위에 물리적인 충격을 주는 것이다. 화학자들은 이 반응과 충격을 더 빠르게, 더 강하게, 심지어 치명적인 것으로 개량해 나갔다.

화학자들이 생각해 낸 방법은 여러 물질을 혼합해 뒤섞는 것이 아니라 하나의 분자가 이런 역할을 동시에 수행하게 하는 것이었다. 그렇게 되면 물질들 간의 친화성을 걱정하지 않아도 되고, 혼합하는 공정을 줄일 수 있다. 이런 목표에서 개발된 분자 중에 유명한 것이 니트로글리세린(nitroglycerin, $C_3H_5N_3O_9$)이다. 이 물질은 극도로 불

안정해 제어하기 쉽지 않았는데, 구멍이 숭숭 뚫린 점토와 같이 섞으면 제법 안정한 상태를 유지한다. 이 발견을 한 사람이 독자들도 잘 아는 알프레드 노벨이다. 노벨이 만든 효율 좋은 폭탄, 다이너마이트는 상업적으로 매우 성공했는데, 여기서 번 돈을 가지고 노벨 재단(Novel Foundation)을 설립했다. 그리고 모두 아는 것처럼, 이 재단을 통해 인류 지성의 혁신에 기여한 과학자들을 선정해 상을 수여했다. 지금은 인류 지성과 평화의 확산에 대한 전 세계적인 상징이 되었다.

이 정도면 화학의 어두운 골목을 다 지나간 것 같은데, 아직 피할 수 없는 부분이 남아 있다. 환경 오염에 관한 것이다. 수많은 사례가 있기 때문에 화학 공장이 주변 생태계를 교란한다는 점을 부인하기 어렵다. 염료를 합성한 퍼킨의 공장도 주변 운하를 색색으로 물들였는데, 그날그날 생산하는 염료에 따라 색이 달라졌다고 한다. 더 좋은 제품을 위한 기술 개발은 주변 환경에 큰 부담이 주는 경우가 많다. 실제로 고대 그리스나 로마 시대를 봐도, 금속을 가공하는 과정에서 많은 오염 물질들이 배출되었다.

이 문제를 푸는 방법은 두 가지이다. 법으로 규제하거나 화학 기술을 친환경 기술로 발전시키는 것이다. 규제도 중요하지만, 기술 발전으로 생산성을 유지하면서 환경 오염은 줄이는 시도가 더 바람직할 것이다. 이런 공감대가 확산되면서, 정치, 환경, 화학 분야의 사람들이 같은 목소리와 요구를 하기에 이르렀다. 녹색 화학이라는 분야가 이에 해당한다. 녹색 화학은 화학 생산 공정과 원료의 사용, 폐기물의 배출 등에 대한 명확한 기준점을 제시해, 깨끗한 지구를 미래 세대에게 물려주는 것을 목표로 한다.

녹색 화학의 선구자들은 적극적인 노력을 통해 환경 오염을 예방하는 것이 나중에 청소하는 것보다 훨씬 효율적이라고 주장한다. 그들이 제시한 기준점 중 하나는 반응 전에 사용했던 물질들을 최대한 버리지 말고 반응 후에도 사용하는 것이다. 반응에 쓰인 원자를 최대한 재활용하자는 뜻인데, 기술적으로도 중요하고 경제적인 측면에서도 환영할 만한 일이다. 산업적인 면에서도 관심을 가지고 봐야 할 대목이다.

녹색 화학의 기준점에는 이런 것도 있다. 산업 생산 공정을 최적화해 생산 과정 전체에서 독성 물질의 사용을 금지해야 한다는 것이다. 이것은 아주 예외적인 경우를 제외하면 최종 제품에도 똑같이 적용된다. 또한 반응의 효율을 높이는 보조재(첨가제, 촉매, 유기 용매 등)에도 적용되어야 한다. 화학자들에게는 부담스러운 일이기는 하지만, 위험한 용매를 점차 더 친환경적인 물질로 교체하고, 새로운 촉매와 반응을 개발하는 일은 그들에게 책임이 있다. 그리고 능력도.

또 다른 포부는 화학 산업의 원료를 재생 가능 원료로 바꾸는 일이다. 재생 가능성은 아직도 논란이 좀 남아 있는 주제이기는 한데, 어떤 경우에도 지구 내부에 있는 자원을 '고갈'시키지 말자는 것만큼은 분명하다. 매년 우리는 많은 농작물을 경작하는데, 태양의 도움을 받아 이 작물들은 재생 가능하게 사용할 수 있다. 특히 광합성 과정에서 이산화탄소를 흡수하기 때문에 재활용률을 높일 수 있다. 광산의 빈 공간에 이산화탄소를 고체 속에 고정한 물질과 다른 오염 물질을 채워 넣자는 아이디어도 있는데, 아직 안정성과 경제성을 충분히 검증받지는 못한 것 같다.

녹색 화학의 지지자들은 폐기물과 오염 물질에 대한 녹색 화학의 기준점을 인식시키고 확산시켜야 한다고 말한다. 우리가 만들어 내는 모든 에너지는 환경의 희생을 요구한다. 이상적인 이야기이지만, 모든 엔진과 기관이 열을 필요로 하지 않거나, 냉각시킬 필요가 없다면, 환경 피해를 극적으로 줄일 수 있을 것이다.

그 외에도 녹색 화학의 기준에 부합하기 위해서는 많은 기술적인 개선이 필요하다. 유기 화학의 예를 들어보자. 의약품을 생산하는 공정을 보면, 매우 많은 중간 단계가 있다. 중간 단계마다 까다로운 실험 조건을 여럿 거쳐야 하는데, 오염 물질을 많이 배출할 뿐만 아니라 경제적이지도 못하다. 중간 단계를 최대한 줄이고, 원료에서 바로 최종 제품으로 갈 수 있는 합성 방법에 관한 연구가 계속되어야 한다.

똑똑한 녹색 화학자들은 생산 공정 이후의 과정에도 관심을 가지고 있다. 제품이 출시되면, 효용성이 떨어질 때까지 사용되는데, 모든 제품은 일정한 수명(lifetime)을 가지고 있다. 수명이 다해 폐기된 제품도 독성을 가지고 있거나 환경에 악영향을 끼칠 수 있어서 이에 대한 대책도 준비되어야 한다. 제품의 수명은 공정 전의 과정도 포함된다. 보팔에서 발생한 사고처럼, 생산이나 보관 중에 사고가 일어날 수 있다는 생각을 하고 사전에 대비해야 한다. 사고 위험을 감소시키기 위해 항상 이상 증세가 있는지 확인해야 하고, 선제적으로 점검해야 할 것이다. 모두 보팔에서는 무시되거나 제대로 이루어지지 않았던 것들이다.

정리해 보면, 녹색 화학이 포부는 이런 것이다. 화학 산업이 현재와 같은 상태로 계속 발전하는 것은 지속 가능하지 않다. 그렇다고 해서 인위적으로 산업 생산을 줄이고, 우리가 이룩한 문명을 포기할 수는 없다. 기업으로서도 이익이 감소하는 것을 받아들이려 하지 않을 것이다. 따라서 환경에 대한 책임과 기업의 이익 사이에 갈등이 발생하는 것을 피할 수는 없다. 핵심적인 것은 문제가 발생하기 전에 위험성을 인지하고 선제적인 해결 방안을 찾는 것이다. 이것은 모두의 책임이고, 더 많은 이익을 가지는 집단이 더 많은 책임을 져야 할 것이다.

자연이 하는 일에 간섭하는 것은 어쩔 수 없이 위험을 수반한다. 판도라의 상자는 항상 있어 왔다. 화학자들은 자연이 제공하는 원자들의 비밀을 풀어내고, 이를 조합해 새로운 물질을 만들어 낸다. 동시에 생태계를 교란하고, 오랜 기간 유지해 왔던 균형을 흔든다. 따라서 원자를 다루는 이런 마법 같은 능력은 항상 책임감을 동반한다. 과거에는 능력의 향상에만 초점이 맞춰졌다면, 이제는 사회의 다른 이해 관계자들과 연대해 문제의 해결에 적극적으로 나서야 한다.

화학이 감당해야 할 책임은 무엇인가? 우리가 당면하고 있는 문제의 해결 방안을 제시하는 것이다. 화학은 요람에서 무덤까지 일상생활의 모든 면을 향상시키는 열쇠를 가지고 있다. 앞에서 여러 차례 보았듯이, 지식과 환경을 포함해 현대 문명의 기반이 되는 모든 물질적인 기반을 제공한다. 아직도 발전해야 할 분야가 많다. 우리의 소통을 향상시키고, 더 나은 컴퓨터 환경을 구축하고, 효율이 높은 연료를 개발하고, 촉매를 개발해 해로운 물질을 감소시켜야 한다. 그리고 태양 전지의 개발처럼 에너지원을 화석 연료에서 재생 가능 에너지로 대체해야 한다. 이런 일들을 제대로 수행하는 것이 화학의 책임이다.

이제 화학이 이룩한 일들을 거의 둘러본 것 같다. 눈이 부실 정도의 업적도 많지만, 여전히 많은 숙제가 있다는 것도 보았다. 이 장을 마무리하며, 화학이 이룬 일들의 또 다른 측면을 거론하고 싶다. 자연에 대한 통찰이다. 화학자들이 가득 채워 놓은 지식의 창고를 통해 우리는 조그만 돌멩이에서 복잡한 생명체까지 물질들의 작동 방식을 이해하게 되었다. 이런 통찰은 인류 문명의 발전을 가져왔고, 자연을 또 다른 의미에서 경이롭게 바라볼 수 있게 해 주었다. 그것만으로도 대단한 기쁨이다.

독자들도 이런 만족감을 느꼈으면 좋겠다. 주변을 한번 돌아보자. 화학을 통해 주변에서 보는 여러 물질의 구조와 성분을 이해할 수 있다. 돌의 구조를 유추하고, 왜 단단하고 반짝이고 쪼개지고 부서지는지 이해할 수 있다. 우리는 왜 금속의 표면에 이빨 자국을 쉽게 낼 수 있고 얇게 펴서 철사를 만들고 구부릴 수 있는지 이해할 수 있다. 우리는 금속들을 섞으면 어떻게 되고, 이런 합금이 어떤 이익을 주는지 이해할 수 있다. 우리는 보석들이 왜 영롱하게 빛나고, 유리창으로는 밖을 볼 수 있는데, 통나무를 통하면 보이지 않는지 이해할 수 있다.

화학을 통해 자연이 가지고 있던 수많은 비밀을 풀 수 있다. 나뭇잎의 초록색과 장미의 붉은색, 허브의 향기를 이해할 수 있다. 생명체들은 자연에서 복잡하고 경이로운 방식으로 조화를 이루고 있다. 우리는 생태계의 복잡하고 경이로운 상호 작용을 어느 정도 이해할 수 있다. 우리의 뇌는 또 다른 세계인데, 지금은 조금씩 이해의 폭을 넓히고 있다.

화학이 물질의 가장 근본적인 측면까지 다루는 것은 아니다. 원자 아래 물질의 심연까지 파고드는 것은 물리학, 즉 입자 물리학의 영역이다. 그런데도 화학은 원자의 특성을 바탕으로 그들의 다양한 조합에 대한 지식을 축적해 왔다. 주기율표에서 보듯이, 화학을 통해 우리는 원자들의 개별 특성과 그 특성을 이루는 핵심 요소를 이해할 수 있다. 이들은 서로 조합하고, 배척하는데, 왜 이런 일들이 일어나는지 이해할 수 있다. 이런 지식은 새로운 분자를 설계하고 만들 수 있게 해 준다. 새로운 분자들은 정말 새로워서, 우주 역사에서 존재한 적조차 없던 분자들도 있다.

화학을 통해 음식의 향과 섬유의 색깔과 구조, 습도 변화, 계절에 따라 변하는 잎의 색깔 등을 이해할 수 있다. 우리의 일상은 화학에 둘러싸여 있지만, 그렇다고 일상의 순간순간마다 화학을 되새길 필요는 없다. 다만, 어느 한순간 자연의 한 면을 온전히 이해하는 놀라운 경험을 할 수 있을 것이다. 화학이라는 세계를 여행한 독자들도 이와 비슷한 즐거움을 공유했으면 좋겠다.

7

화학은 어디로 가는가?

이제 미래를 볼 시간이다. 이 장에서는 현재 활발한 연구가 일어나는 분야들과 새롭게 나타날 것으로 예상되는 주제를 살펴볼 것이다. 새로운 섬유와 컴퓨터의 혁신에 관한 물질을 다룰 것이다. 혁신적인 실험 장비가 개발되면서 화학자들의 관심은 나노(nano)의 세계로 이동하고 있는데, 이를 통해 우리는 새로운 문명을 경험하게 될 것이다.

새로운 원소는 계속 발견되고 있다. 최근에는 매년 하나씩 발견되고 있는 것 같다. 즉 주기율표는 매년 조금씩 풍성해지고 있고, 화학자들이 탐색해야 할 세계 또한 늘어 간다. 그렇지만 최근에 발견된 원소 대부분은 별다른 유용성이 없다. 방사성 물질이거나, 짧은 시간 안에 사라지기도 한다. 소수의 원자만 제대로 된 형상을 하고 있는데, 이것들도 잠깐 나타났다가 사라진다.

이런 추세라면 주기율표는 끝없이 확대될 것만 같은데, 화학자들은 그렇게 생각하지 않는 것 같다. 2013년에 116번까지 확인되었고, 117, 118번도 이후에 핵융합을 통해 합성되었다. 이런 식으로 가면 대략 126번 정도까지는 확인이 가능할 것으로 보인다. 핵물리학에 따르면 126개의 양성자를 가지는 원소는 안정성의 섬(Island of stability)이라는 것을 형성하는데, 활발한 방사성과 긴 반감기를 가진다. 핵물리학 혹은 입자 물리학의 이론을 실험하기에는 매우 유용하겠지만, 화학자들의 관심 영역은 아니다.

새로운 원소가 아니더라도, 화학자들에게는 여전히 많은 원소가 있고, 이들을 정교하고 섬세하게 관찰할 수 있는 실험 장비들도 계속 발전하고 있다. 이런 정교한 지식은 우리의 지식 창고를 더욱 풍성하게 하지만, 극단주의자들의 손에 들어가면 세상을 위험하게 만들 수도 있다.

덩치가 큰 분자를 관찰하는 것으로 작은 분자의 행동을 유추할 수 있다. 오랜 기간 화학자들은 이런 방법을 사용해 왔다. 그러나 작은 원자 집단이나 분자를 직접 관찰하는 장비들도 계속 발전하고 있다. 화학자들의 관심은 분자들 간의 상호 작용과 형태 변화 등의 내밀한 부분인데, 이를 위해 분자들을 분리해 특성을 파악하고, 결합을 흔들어 끊어내고, 다시 반응시킨다. 이런 일들을 더 잘 수행하기 위한 장비들도 속속 개발되고 있다. 최근에는 찰나의 순간을 포착해 분자를 관찰할 수 있게 해 주는 장비도 개발되었다. 찰나라면 어느 정도의 시간일까? 100분의 1초, 1,000분의 1초보다 훨씬 짧은 시간이다. 놀랄지 모르지만, 1펨토초(1000조분의 1초)이다. 이제는 1아토초(100경분의 1초)의 시대로 가고 있다. 이 정도면 전자의 움직임이 축구공과 비슷해진다. 나는 이를 두고 실시간 생중계를 하는 모습을 상상해 보기도 한다. 이 순간만큼은 화학이 곧 물리학일 것이다.

소규모 원자 그룹들을 상상해 볼 때, 흥미로운 질문과 특별한 법칙이 발견되기도 한다. 물을 예로 들어보자. 세상에서 가장 작은 얼음 조각, 예를 들어 각설탕과 같은 형태의 얼음을 만든다면, 최소 몇 개의 물 분자가 필요할까? 275개이다. 진짜 얼음처럼 되기 위해선 475개의 분자가 필요하다는 것도 알 수 있다. 쓸데없는 지식 같지만, 이런 지식을 통해 공중에서 구름이 형성되는 모형을 만들어 볼 수 있고, 액체가 얼어붙는 과정을 이해할 수 있다.

원자들을 소량 채집해 아주 낮은 온도에서 관찰하면, 이들의 움직임이 양자 역학에 따라 결정된다는 것을 알 수 있다. 물론, 일상 세계의 물질 모두 양자 역학에 따라 기술할 수 있다. 그러나 우리 주변의 사물은 원자 몇 개로 이루어진 것이 아니어서 양자 역학보다는 우리에게 익숙한 방식으로 기술하는 게 적절하다. 원자의 세계로 발전해 가는 현 상황이 화학과는 다소 무관하게 보일지도 모르지만, 앞으로는 그렇지 않을 것이다. 양자 컴퓨터의 개발과 그 데이터의 저장

등은 화학 없이는 기초 기술 개발조차 불가능하다.

　분자가 몇 개 모여 있는 정도의 작은 세계를 다루는 과학 기술 분야가 있다. 우리가 나노 과학, 나노 기술이라고 부르는 분야인데, 새롭게 각광을 받고 있다. 화학은 이 분야의 발전에서 큰 축을 담당하고 있다. 나노는 10억분의 1미터의 규모인데, 고대 그리스 어에서 유래한 나노라는 말 자체가 난쟁이를 뜻한다. 나노계는 대략 100나노미터 규모인데, 이 정도면 분자 1개보다는 훨씬 크고 물질 덩어리보다는 훨씬 작은 정도이다. 어떻게 보면 어정쩡한 이 규모는 반대로 여러 가능성을 포함하고 있다. 양자 역학적인 입자의 움직임을 관찰할 수도 있고, 열역학을 새롭게 보완해야 할 관찰도 이루어진다. 물리 화학자들에게는 대단히 의미 있는 영역이고 계이다. 이를 통해 기존 이론들을 다시 정비해 볼 수 있고, 기존 이론이 제대로 해석하지 못했던 현상들을 분석할 수 있다.

　이 영역에서 다룰 분자들, 즉 나노 분자들은 유기 혹은 무기 화학자들이 합성해 제공한다. 나노 분자들을 만드는 것은 두 가지 방법이 가능한데, 큰 물질을 만들어서 작게 깎아내리거나, 작은 분자들을 쌓아 올리는 방법이 그것이다. 이중에서 쌓아 올리는 방법이 큰 주목을 받고 있는데, 일반적으로 자기 조립(self-assembly)의 방식으로 만들어지기 때문이다. 이 방식에 따르면, 외부에서 특별한 자극을 주지 않아도 분자들이 상호 작용을 해 분해되고 재조립되면서 원하는 형태의 나노 물질이 완성된다. 퍼즐 조각으로 그림을 맞추는 것과 비슷한데, 하나하나 그림을 맞춰 가는 것보다는 한꺼번에 맞춰지는 양상과 비슷하다. 자연의 천재성이다.

나노 물질을 개발하고 응용하는 분야를 나노 기술이라고 하고, 그 기초 지식을 발견하는 분야를 나노 과학이라고 한다. 모두, 화학의 학문 분과이다. 이 분야에 대한 기대치가 높기 때문에, 모든 연구소는 현재 이 분야에 대한 투자를 늘려 가고 있다. 지식이 확대되고 개발이 속도를 내면서 응용 분야도 속속 드러나고 있다. 규소를 이용해 만든 태양 전지는 전통적인 빛 수확(light-harvesting) 기술이다. 이 기술을 응용해 혈당을 측정하는 센서를 만들 수 있다. 현재 가장 일반적으로 사용하는 혈당 센서는 당 산화 효소를 작은 탐침에 발라 효소 반응을 통해 측정하는 방식이다. 이 탐침에 카드뮴(Cd, 원자 번호 48)이 포함되어 있는데, 카드뮴은 오랜 기간 그 독성에 대한 우려가 있어 온 물질이다. 그러나 최근에 나노 기술을 이용한 특수 나노 섬유가 개발되어 효소 없이 혈당을 측정할 수 있게 되었다.

이제 컴퓨터와 관련된 내용을 살펴보자. 명칭은 제각각일 수 있지만, 더 작으면서 대용량의 정보 처리가 가능한 컴퓨터를 개발하는 것이 새로운 정보 통신의 과제이다. 화학자들이 주도적인 역할을 하고 있는 분야이기도 하다. 1950년 개발된 컴퓨터는 건물 한 층을 가득 채울 만큼의 부피였다. 그 뒤 끊임없는 소형화 작업을 거쳐 현재와 같은 공책 크기의 컴퓨터가 가능해졌다. 손쉽게 들고 다닐 수 있는 컴퓨터 환경은 우리 사회의 모습을 획기적으로 바꿔 놓았다. 하지만 소형화 작업은 아직 끝나지 않았다. 현재와 같은 추세가 계속되면, 크기는 더 줄어들면서도 연산 능력은 출중한 분자 컴퓨터가 실현되는 날이 곧 올 것이다.

컴퓨터의 연산 능력은 크게 두 가지에 의존한다. 기억 소자와 정보 처리 능력이다. 기억 소자는 원리적으로 그렇게 어렵지 않다. 분자를 잘 설계하면 외부 자극으로 두 가지 형태를 가지게 할 수 있다. 예를 들면, 평평한 분자를 구부려 그 형태로 '1'을 기록하게 하고, 다시 펴지면 '0'이 되는 분자를 만들 수 있다면, 이 분자가 전기적으로 다이오드의 역할을 할 수 있다. 이런 분자들을 이용해 회로를 구성하면, 기억 소자로 사용할 수 있다. 정보 처리는 데이터를 입력했을 때 이를 처리해 목표한 결과를 보여 주는 능력을 뜻한다. 이를 구현하는 것은 상대적으로 더 어려운데, 빛에 의해 화학 반응을 일으키는 방법을 이용해 이 분야를 개발하고 있다.

수많은 유전 정보가 들어 있는 DNA를 분석해 보면, 자연은 이미 정보 저장 능력에 대한 해답을 가지고 있는 것 같다. 여기에 저장되어 있는 정보를 뽑아내어 생명 활동의 여러 요소를 구현하고 있으니 말이다. 우리의 기억들도 뇌 속에서 화학적인 방법으로 암호화된다. 다만, 이 방법에 대해서는 아직 발견해야 할 내용이 많이 남아 있다. DNA 분자를 이용한 연산은 간단한 산수 문제를 풀기 위해 사용된 정도인데, 상처를 입은 단백질의 치료를 결정하는 작용을 한다. 앞으로 계속 정교해질 것이다. 현재와 같이 컴퓨터를 조립하는 것이 아니라 컴퓨터를 합성하는 것이 가능해질 수도 있을 것이다. 지금은 과학 소설 같은 이야기일 수 있지만, 저 앞에 희미한 윤곽이 보인다.

최근에 놀랍게 발전한 분야가 하나 있는데, 이 분야는 화학의 공간을 3차원에서 2차원으로 거꾸로 이동시키고 있다. 연필심은 흑연(graphite)이라는 물질로 만들어졌는데, 탄소가 평평한 판자 형태로 뭉친 것이다. 이 물질에 불순물이 적당히 있으면, 그 지점을 기점으로 이 판자가 떨어져 나온다. 이런 원리에 따라 연필심의 일부가 떨어져 나와 종이에 남는 — 글씨가 써진 — 것이다. 이런 개별 판상의 물질을 그래핀(graphene)이라고 부르는데, 자세히 보면, 탄소 원자들이 2차원 상에서 벌집 모양의 배열을 이루면서 얇은 층을 이루고 있다. 만드는 방법도 간단한데, 고체 흑연을 얇게 뜯어낸 후 긁어모아서 걸러낸다. 2010년 노벨상 위원회는 물리학상 수상자로 안드레 가임과 콘스탄틴 노보셀로프를 선정했는데, 그래핀의 발견에 대한 공로를 인정했기 때문이다.

그래핀은 여전히 물리학과 공학의 영역에서 연구 및 제조되고 있다. 이 물질은 몇 가지 측면에서 대단히 탁월한 물성을 가지고 있는데, 한 예로 이 물질의 강도는 강철의 200배 이상인데, 1제곱미터의 무게가 1그램 정도밖에 되지 않는다. 이 정도의 무게를 가지고 4킬로그램짜리 고양이를 떠받칠 수 있다. 고양이 수염 정도의 무게로 말이다. 열적, 전기적, 광학적인 특성들도 대단한 관심 사항이다.

그렇다면 이 2차원 금덩어리가 잔뜩 묻힌 금광은 어디일까?

화학자들의 실험실이다. 아직은 실험실 수준에서 연구가 되고 있지만, 이 물질은 우선 서로 다른 분자들을 걸러내는 체로 사용할 수 있다. 이 기술을 사용하면 바이오 연료 분야의 생산성에 크게 이바지할 것으로 예상된다. 또한 바닷물을 식수로 바꾸는 해수 담수화(desalination)의 여과막으로도 가능성이 있다. 그래핀 자체는 기체 분자를 흡착시키지 않지만, 표면에 화학적인 처리를 하면 기체 분자와의 반응성을 높일 수 있다. 기체가 달라붙으면 표면의 전기 전도도에 미세한 변화가 발생하는데, 이 지점을 찾으면 기체의 흡착을 실시간으로 확인할 수 있다.

화학자들은 다른 물질들이 이 2차원 공원에 머무를 수 있는지, 그리고 그런 물질들이 기적의 물질인 그래핀의 결함을 보완해 줄 수 있는지 궁금해한다. 이런 종류의 신소재들은 전기 화학을 통해 만들어지는데, 황화몰리브데늄(molybdenum sulfide), 황화텅스텐(tungsten sulfide), 그리고 타이타늄 카바이드(titanium carbide) 등의 화합물을 기반으로 한다. 이 소재들은 기본적으로 반도체의 속성을 가지고 있는데, 소형 집적 회로의 제작에 이미 적용되고 있다. 이렇게 그래핀은 화학의 손길에 의해 쉽게 변성되어 응용 범위가 넓어진다. 산화시키는 것은 그중 하나이다. 산화그래핀(graphene oxide)은 그래핀 종이 위에 달라붙어서 모양을 바꿀 수 있게 해 준다. 대표적인 것이 종이가 둘둘 말린 형태의 그래핀 소재인데, 열적, 전기적, 기계적 특성이 기존의 물질들과는 많이 달라진다.

신소재의 응용 범위는 협업으로 확장될 수 있다. 화학자들은 재료학자, 물리학자, 생물학자, 그리고 공학자들과 협업해 이런 목적을 달성하려 한다. 아직은 많은 응용 제품이 이 알라딘 램프의 밖으로 나온 것은 아니지만, 곧 많은 보물을 볼 수 있을 것으로 생각한다. 무엇보다 이런 보물들과 보물을 만드는 과학자들 간의 협업이 일상생활을 계속 바꿔 나갈 것으로 믿는다. 많지는 않지만, 몇 가지 사례를 살펴보자.

먼저, 스스로 깨끗해지는 유리를 보자. 유리를 청소하는 번거로움을 피하게 해 주는 이 발명은 분자들 간의 인력과 척력에 대한 이해와 광화학을 바탕으로 한다. 특히 표면을 소수성(hydrophobic)으로 변화시키는 분자들의 상호 작용이 핵심이다. 이 유리는 일반적으로 산화타이타늄(titanium dioxide)을 가지고 표면을 코팅하는데, 이 코팅 물질이 촉매처럼 작동해 햇빛을 받으면 표면에 있는 먼지 등을 잘게 쪼갠다. 이 먼지들은 한켠에서 뭉치게 되는데, 비가 오면 빗물에 깨끗이 씻겨 내려간다.

다음으로 스마트 섬유(smart fiber)를 알아보자. 이 섬유로 옷을 만들면, 옷을 입은 사람의 체온과 감정의 기복에 따라 다른 색깔을 띨 수 있다. 즉 사람과 상호 작용이 가능한 섬유인 것이다. 사람이 줄 수 있는 정보는 체온과 맥박 등인데, 이를 감지해 전기적인 신호로 표시할 수 있다. 색다른 재미를 줄 수 있지만, 빨래하거나 구겨지면 섬유의 내부 구조가 망가질 수도 있다. 이런 면도 같이 고려해 개발되고 있다.

촉매의 중요성은 이 책의 곳곳에서 여러 차례 강조한 바 있다. 여기에 더해 촉매는 내연 기관의 배기 가스에 있는 유해 물질을 해가 없는 성분으로 바꾸는 데도 핵심적인 역할을 한다. 이 촉매 전환기(catalytic converter)는 이제는 모든 차에 설치되어 작동하고 있다. 이 장치는 매우 정교한 화학 작용을 응용한 것인데, 엔진이 차갑게 식었을 때나 과하게 뜨거워졌을 때도 일정한 작동 상태를 유지시켜 준다. 게다가 촉매 작용은 질소 산화물을 무해한 질소로 바꿔 주고, 일산화탄소나 타지 않고 남은 탄화수소 연료를 이산화탄소로 바꿔 준다. 그리고 연료와 공기의 비율을 조절해 가속할 때 갑작스러운 출력 증가를 제어한다. 모두 화학자들이 개발하고 개량한 것이다.

아마도 최근의 화학 연구에서 신약을 개발하는 것보다 더 조명받는 분야는 없을 것이다. 질병을 퇴치하고 통증을 줄이며 활력을 높이는 신약들이 계속 개발되고 있기 때문이다. 유전체학은 유전자를 구별하고, 단백질이 생성되는 과정을 연구하는 학문이다. 이 학문은 현재와 미래에 신약 개발의 중심이 될 것이다. 유전 정보가 개인의 약물 반응에 어떻게 작용하고, 이를 바탕으로 개개인의 유전 정보에 맞는 약을 제안할 수 있을 것이다. 바텐더가 주문에 따라 칵테일을 만들어 주듯이, 약도 이런 식으로 진화할 수 있는 것이다.

유전체학보다 더 정교한 분야가 단백질체학이다. 이 학문은 생명체의 전체 단백질을 다루는데, 그러다 보니 약 대부분이 작용하고, 생명 활동이 이루어지는 영역 전반을 포괄한다. 컴퓨터의 도움을 많이 받을 수밖에 없는 의화학 분야이다. 질병에 대한 단백질의 역할을 밝혀내고, 새로운 질병을 발견했을 때는 다양한 모의 실험을 통해 이를 퇴치할 수 있는 최적의 단백질 분자를 찾아낼 수 있다. 개개인의 특성에 맞춘 신약도 이런 과정을 통해 개발 가능할 것이다.

지금까지 화학이 어떤 일을 할 수 있는지, 마치 마법과 같은 일들도 포함해 살펴보았다. 그러나 독자들에게 흥미로운 응용 분야를 소개하는 것으로 화학의 발전을 모두 설명할 수는 없을 것이다. 이런 것들은 나름대로 눈에 잘 띄고 이해하기 쉬운 면이 있지만, 화학은 좀 더 근본적인 탐구, 즉 물질에 대한 지식을 확대하고 지식을 활용하는 방법에 집중해야 한다. 그러면서 비록 점증적이기는 하지만, 우리는 자연이 하는 일들을 이해하고 따라 하고 경이로움에 감탄하고 지식의 위대함을 깨닫게 된다. 기초 연구는 이와 같은 일들을 가능하게 하는 핵심이다. 기초 연구를 통해 예측하지 못한 발견을 이루어 내고 깨달음을 얻으며 상식을 깨는 제품을 개발할 수 있다.

우리의 긴 여정을 마무리하면서, 최근에 발견된 특별하고 순수한 학문적 통찰 하나를 소개하고 싶다. 화학자들은 최근 자연이 스스로 분자 기계(molecular machine)를 합성해 낼 수 있음을 발견했다. 나사와 너트 역할을 하는 분자들을 잘 결합하면 자동차나 엘리베이터 같은 '기계'를 나노 크기로 합성해 낼 수 있는 것이다. 이 분자 기계 합성으로 2016년에 노벨 화학상을 받은 프레이저 스토다트는 그의 연구를 이렇게 표현했다. "새로운 연구는 합성 및 물리, 그리고 유기 화학의 최첨단 분야가 될 것이다. 그리고 이것은 입체 화학 (stereochemistry)의 가장 우아한 측면을 보여 주는 매우 드문 예 중 하나이다." 화학이 가져다줄 수 있는 지적인 즐거움이 이런 것일 것이다. 이 노벨상 급의 발견에 대한 설명은 생략하더라도, 이 발견을 통해 스토다트가 얼마나 충족감을 얻게 되었는지는 짐작할 수 있을 것이다.

아마도 이런저런 이유로 화학과 화학자들을 오해하고 있던 독자들이 있을 것이다. 내가 이 책에서 소개한 내용이 그런 오해를 조금이나마 지울 수 있었으면 좋겠다. 동시에, 이 놀라운 세계와 이 세계를 발견하는 기쁨을 독자들도 같이 느끼면 좋겠다.

결합(bond)   두 원자들을 연결해 주는 공유 전자쌍.

고립 전자쌍(lone pair)   비금속과 비금속 간의 공유 결합 과정에서 반응에 참여하지 않는 전자쌍.

고분자(polymer)   단량체가 다수 연결되어 만들어진 질량이 큰 분자.

광자(photon)   기본 입자의 일종으로, 가시광선을 포함한 모든 전자기파를 구성하는 양자이자 전자기력의 매개 입자.

녹색 화학(green chemistry)   화학 제품 생산 과정에서 발생하는 폐기물 등의 문제를 해소하기 위해 엄격한 규칙을 정리해 환경 오염을 최소화시키는 방법을 탐색하는 학문.

단량체(monomer)   고분자 반응을 위해 사용되는 기본 분자.

단백질(protein)   아미노산들의 조합을 통해 만들어진 복잡한 화합물.

단백질체학(proteomics)   생물 체내에서 생성되는 단백질과 다른 단백질의 결합에 초점을 두어 질병의 진행 과정을 총괄적으로 연구하는 학문 분야.

동위 원소(isotopes)   원자핵 속 양성자 수는 같아서 원자 번호는 동일한데, 중성자 수가 달라 질량 차이가 있는 원자들.

라디칼(radical)   하나 이상의 홀전자를 가지고 있는 물질.

루이스 산(lewis acid)   전자쌍을 받아들이는 물질.

루이스 염기(lewis base)   전자쌍을 제공하는 물질.

루이스 산-염기 반응(lewis acid-base reaction)   루이스 산과 염기 사이에서 일어나는 반응. 화학식으로 $A + :B \rightarrow A-B$로 표시한다.

리간드(ligand)   착물 중심에 있는 금속 원자와 결합한 주변의 원자 집단.

반응 중간체(reaction intermediate)   대부분의 화학 반응은 하나 이상의 단계를 거치게 되는데, 각 단계에 존재하는 불완전한 생성물을 가리킨다. 반응 메커니즘을 설명하는 데 도움을 준다.

반응물(reactant)   특정한 화학 반응의 과정에서 반응에 참여하는 물질들.

분광학(spectroscopy)   가시광선을 포함한 전자기파를 방출하거나 흡수하는 현상을 관찰하고 물질을 분석하는 기술.

분석(analysis)   물질을 규명하고, 수량과 농도 등을 확인하는 일.

분자(molecule)   가장 작은 화합물 입자. 특정 조합을 통해 원자들이 결합되어 있는 물질.

산(acid)   양성자를 내어 줄 수 있는 물질.

산화(oxidation)   어떤 물질에서 전자들을 제거하는 것. 산소와 반응시키는 공정.

산화-환원 반응(redox reaction) 한 물질이 산화되는 반응과 다른 물질이 환원되는 반응은 동시에 일어나는데, 이런 전자의 교환 과정을 포괄하는 반응 명칭.

생성물(product) 화학 반응을 통해 생성된 물질.

수산화 이온(hydroxide ion) OH^-.

시약(reagent) 여러 화학 반응에서 반응물로 사용되는 물질.

아미노산(amino acid) 생물의 몸을 구성하는 단백질의 기본 구성 단위. $NH_2CHRCOOH$의 화학식을 가지는 유기 화합물.

알칼리(alkali) 염기성 수용액.

양성자(proton) 수소 원자의 원자핵.

양이온(cation) 양전하를 띠고 있는 원자나 원자 집단.

연쇄 반응(chain reaction) 분자나 이온, 라디칼 등이 다른 분자를 공격해 반응이 일어나고, 그 생성물이 다시 다른 분자를 연쇄적으로 공격해 일어나는 반응.

염(salt) 산-염기 반응을 통해 형성된 이온 화합물.

염기(base) 양성자를 수용할 수 있는 물질.

용질(solute) 용매에 녹는 물질.

원소(element) 화학적으로 더 간단한 물질로 쪼개질 수 없는 물질 혹은 한 종류의 원자로 이루어진 물질. 원소의 종류와 표기는 주기율표에 정리되어 있다.

원자(atom) 원자핵과 전자로 구성된 입자 단위. 한 원소의 가장 작은 입자.

유전체학(genomics) 유전체를 규명하고, 단백질의 생성 과정에서 유전체의 역할이 무엇인지 탐구하는 학문.

음이온(anion) 음전하를 띠고 있는 원자나 원자 집단.

이온(ion) 전하를 띤 원자나 원자 집단.

이중 결합(double bond) 원자들 사이의 전자쌍을 공유한 결합.

적정(titrataion) 염기(혹은 산)의 농도를 모르는 용액에 농도가 계산된 산(혹은 알칼리)을 조금씩 떨어뜨려 중화시키는 방법. 중화되는 시점에서 투입한 산의 양을 계산하면, 용액에 있는 염기의 농도를 확인할 수 있다.

전기 분해(electrolysis) 전류를 주입해 화학 반응을 일으키는 공정.

전기 화학(electrochemistry) 전기를 생산하기 위해 화학 반응을 이용하거나, 화학적인 변화를 일으키기 위해 전기 에너지를 이용하는 화학 분야.

전이 금속(transition metal) 주기율표에서 3족에서 11족에 해당하는 원소들의 통칭.

전자(electron) 음전기를 띤 아원자 입자.

종(species) 원자, 분자, 이온 등을 포괄하는 물질.

중간체(intermediate) 반응 중간체 참조.

착물(complex) 금속 원자가 몇 개의 원자들이 리간드로 둘러싸인 구조의 화합물.

초전도성(superconductivity) 일반적으로 금속은 전기 저항을 가지고 있는데, 온도가 낮아지면 저항이 작아진다. 어떤 금속이 극저온에서 저항이 0이 되어 전기가 비정상적으로 잘 흐르는 상태를 초전도라 부른다.

촉매(catalysis)　반응물과 생성물의 변화 없이 반응을 촉진시키는 물질.

치환 반응(substitution reaction)　분자 내에 존재하는 원자나 원자 집단이
　　다른 원자로 치환되는 반응.

친전자성 물질(electrophile)　전자 밀도가 높은 지역에 끌려오는 물질.

친전자성 치환(electrophilic substitution)　한 반응 물질이 친전자성일 때
　　일어나는 치환 반응.

친핵성 물질(nuclephile)　전자 밀도가 낮은 지역에 끌려오는 물질.

친핵성 치환(nucleophilic substitution)　하나의 반응물이 친핵성을 가지고
　　있을 때 일어나는 치환 반응.

탄수화물(carbohydrate)　탄소(C), 수소(H), 산소(O) 같은 원자로 구성된 생체
　　분자로 일반적으로 $(CH_2O)_n$의 화학식을 가진다.

하이드로늄 이온(hydronium ion)　물속에서 수소 이온 H^+은 단독으로
　　존재하지 않고 물과 결합한 H_3O^+ 상태로 존재한다. 화학 반응식에서는
　　간단히 H^+로 표시.

합성(synthesis)　더 간단한 물질들로부터 새로운 물질을 만들어 내는 것.

혼합물(mixture)　새로운 화학 반응이 일어나지 않으면서 여러 물질이 섞여
　　있는 상태.

화합물(compound)　원소들이 서로 연결되어 특유의 조합을 이룬 화학 물질.

환원(reduction)　한 물질에 전자들이 추가되는 과정.

회절(diffraction)　빛이 지나가는 경로에 물질을 놓으면, 물질의 종류에 따라

빛의 파장들이 서로 간섭을 하는 현상.

'케미포비아'를 위한
우아한 화학 가이드

PC 통신 천리안을 이용해 사람들과 채팅하던 시절이니, 벌써 20여 년 전으로 돌아가야 할 것 같다. 내가 속해 있던 채팅방은 영화에 대한 관심을 가진 사람들의 모임이었는데, 그날도 한 10여 명이 모여서 영화에 대한 이런저런 이야기를 나누고 있었다. 한창 채팅 중에 우연히 화학 이야기가 잠깐 화제가 된 적이 있었다. 좀 생뚱한 경험이었는데, 누군가 이야기를 꺼냄과 동시에, 순식간에 화학에 대한 거대한 성토의 장으로 변하는 것을 보게 된 것이다. 주로, 학창 시절의 좋지 않은 기억, 원자 번호 1번부터 20번까지의 원소들을 앞 이름만 따서 노래처럼 부르게 했다는 기억(다들 왜 이런 짓을 했는지 여전히 이해하기 어렵다고 했다.), 화학 교사들이 사이코패스처럼 대단히 이상한 성격이었다는 증언들, 화학 산업으로 환경 오염이 심해졌다는 시사적인 이야기까지……. 이런 분위기에서 내가 바로 화학 전공자라는 말도 못 하고 눈팅만 한 기억이 있다.

나는 학부와 대학원에서 화학 전공으로 공부하고, 전공을 살려 화학 기업에서 계속 일을 해 왔다. 전 세계를 돌아다니며 우리 회사가 새로 만든 화학 제품의 우수성에 대해 설명하고 다녔는데, 대부분 기업의 구매팀을 상대하는 것이어서, 일반 소비자들, 화학이라고 하면 학창 시절 추억 또는 악몽만 가진 보통 사람들의 인식과 반응에 대해서는 점점 무뎌지게 되었다. 그러다가 최근에 예전 기억과 더불어 화학에 대한 시민들의 인식을 새삼 절감하게 되었는데, 가습기 살균제 사건으로 인해 시민들이 화학 제품을 멀리하고 두려워하는 '케미포비아(chemiphobia)' 현상이 있다는 뉴스를 접했기 때문이다. 업계 종사자로서 이런 사회적 문제에 대해 책임을 느끼는 것이 우선이지만, 한편, 화학에 대한 커다란 인식의 차이를 새삼 깨닫게 되었다. 지난 150년 동안 화학이라는 학문이 인류 문명에 이바지한 부분, 엄청나다는 말로도 부족한 그 커다란 기여가 제대로 평가받지 못하고 있다는 씁쓸함이 텁텁하게 남기도 했다.

그러던 와중에 화학을 독자들에게 좀 더 쉽게 소개하자는 취지 아래, 존경하는 피터 앳킨스 교수의 책을 우리말로 옮기는 일을 제안받게 되었다. 시기적으로 매우 뜻깊은 인연이라는 생각이 들었다. 그런데도 책을 펼쳐 보기 전에 조금의 우려가 있기도 했다. 시중에 나와 있는 여러 책처럼, 화학이라는 학문의 이로움, 학문의 발전사, 실험의 즐거움 등을 나열하는 것이 아닌가 싶기도 했다. 현재 필요한 책은 화학의 우수성을 어려운 말로 전파하는 것이 아니라, 현대의 문명과 화학의 관계를 친절하게 설명해야 한다고 믿었기 때문이다. 그러나 책을 읽어 가면서 이런 우려가 말 그대로 기우에 불과하다는 것을 알게 되었다.

이 책의 저자인 피터 앳킨스 교수는 백전노장의 화학자로, 개인의 연구 업적 외에도, 다양한 책을 집필해 후학들의 학문적 성취에 큰 도움을 준 이로 유명하다. 나도 예외가 아닌데, 끙끙거리면서 앳킨스 교수의 물리 화학 교과서를 공부한 기억이 아직도 생생하다. 물리 화학 분야 베스트셀러 교과서의 저자인 앳킨스 교수는 교과서만이 아니라 비전문가를 위한 책도 예전부터 여럿 집필했다. 화학에 대한 시민들의 우려가 커지면서 발생하는 전문가와 시민 사이의 인식의 갭(gap)을 메우려는 나름의 노력이 아닐까 생각해 본다.

이 책은 총 7개의 장으로 나뉘어 있다. 1장과 7장은 서로 대구(對句)를 이루는데, 화학이라는 학문의 기원을 설명하고, 미래의 발전을 예측한다. 2장과 3장은 화학이라는 학문의 뼈대라고 할 수 있는 물질과 에너지를 설명한다. 2019년 올해는 주기율표가 발표된 지 150년이 되는 해인데, 앳킨스 교수는 주기율표를 중심으로 물질의 핵심인 원자들을 설명한다. 독자들이 옆에 주기율표(이 책의 표지 뒷면에도 그려져 있다.)를 펼쳐놓고, 2장을 읽는다면 수월하게 원자의 세계를 접해 볼 수 있을 것이다. 3장은 번역하면서 가장 힘들었던 부분인데, 에너지와 엔트로피라는 개념을 복잡한 수식 없이 말로 풀어낸다는 것이 여전히 어려운 일이라는 점을 새삼 깨닫게 되었다. 4장에서는 화학이라는 학문을 반응이라는 과정을 통해 설명한다. 독자들에게 가장 익숙한 분야일 텐데, 이 기회에 반응을 깔끔하게 정리할 수 있기를 바란다. 더불어 우리의 일상이 화학과 얼마나 깊은 관계를 맺고 있는지 이해할 수 있을 것이다. 5장의 여러 화학 기술들, 특히 실험실에서 일어나는 여러 분석 과정들은 예비 화학자들에게 도움이 될 것이다.

화학이라는 학문의 여러 구성 요소를 다 살피고 6장에 이르면, 독자들은 평생을 화학의 발전과 교육에 바친 노교수의 진정한 목소리를 들을 수 있을 것이다. 이 장은 이 책의 핵심이라고 할 수 있는데, 앳킨스 교수는 미사여구를 통해 화학을 찬양하지도, 엉터리 과학을 통해 화학의 문제를 가리려고 하지 않는다. 대신, 담담한 목소리로 화학이라는 학문이 원시 시대부터 현대까지 인류 문명과 어떤 관계를 쌓아 왔고, 그 과정에서 발생한 문제가 무엇인지 소개한다. 더불어, 문명을 더 발전시키고, 문제를 해결해야 하는 임무가 화학자에게 있음을 지적한다. 이런 부분들이 독자들에게 잘 전달되기를 희망한다.

마지막으로, 이 책을 통해 독자들이 화학이라는 지식 도구가 얼마나 유용한 것인지 인식해 주기를 바란다. 이 도구를 이해하고, 사용법을 조금만 익히면, 복잡하고 어려운 우리 주변의 현상들이 조금씩 정리되는 것을 느낄 수 있을 것이다. 이런 과정에 약간의 도움이라도 될 수 있다면, 옮긴이로서 큰 보람을 느끼게 될 것이다. 지면을 통해 앳킨스 교수의 노고에 다시 한번 감사를 표하고, 독자의 한 사람으로 다음 작품을 기대해 본다.

옮긴이

전병옥

찾아보기

옮긴이 **전병옥**

화학 및 바이오 산업의 혁신 기술을 발굴하고, 시장 개발 전략을 기획한다. 현재, 글로벌 기술 사업화 연구소의 소장을 맡고 있으면서, 바이오 마케팅 랩에서 콘텐츠 개발 임원을 역임하고 있다. 서강 대학교에서 화학을 전공하고 포항 공과 대학교에서 고분자 합성으로 석사 학위를 받았다. 핀란드 헬싱키 대학 MBA 과정을 마친 후 성균관 대학교 기술 경영 전문 대학원에서 박사 과정을 수료했다. 삼성전자에서 화합물 반도체 연구원으로 근무하면서, 광통신용 소자를 개발했고, 이후 다국적 기업인 이스트만 화학(Eastman Chemical)과 사빅(SABIC)에서 아시아 지역 신사업 개발 임원을 역임했다. 지속 가능 발전과 녹색 화학 혁신이라는 주제로 관련 연구와 프로젝트를 수행하고 있으며, 녹색당 기후 변화 대책 위원회 위원으로 기후 변화와 환경 위기에 대한 정책을 연구하고 있다. 저서로는 『케미칼 마케팅』(2018년), 보고서 「화학 산업 4.0 시대와 미래의 소재」 (2019년), 「저탄소 사회를 위한 녹색 기술」(2019년) 등이 있다.

화학이란 무엇인가

1판 1쇄 펴냄 2019년 10월 30일
1판 5쇄 펴냄 2023년 4월 15일

지은이 피터 앳킨스
옮긴이 전병옥
펴낸이 박상준
펴낸곳 (주)사이언스북스

출판등록 1997. 3. 24.(제16-1444호)
(06027) 서울시 강남구 도산대로1길 62
대표전화 515-2000, 팩시밀리 515-2007
편집부 517-4263, 팩시밀리 514-2329
www.sciencebooks.co.kr